你没听过的
创新思维课

第2版

王竹立 ● 著

电子工业出版社
Publishing House of Electronics Industry
北京·BEIJING

内 容 简 介

本书以课堂情景对话的方式,通过大量生动活泼的故事和案例,深入浅出地介绍了创新思维的原理、方法和工具,并配有课后阅读和思维练习。再版时新增了对教师教学设计和案例教学方面的指导内容。作者从自己的亲身体验出发,提出了激发创造力的"三板斧",对批判性思维、平行思维和包容性思维进行了分析和比较,是一本饶有趣味的创新思维训练教材。适合各大中小学、培训机构、创客团体和对创新思维感兴趣的单位和个人阅读和使用。

未经许可,不得以任何方式复制或抄袭本书之部分或全部内容。
版权所有,侵权必究。

图书在版编目(CIP)数据

你没听过的创新思维课 / 王竹立著. —2 版. —北京:电子工业出版社,2017.11
ISBN 978-7-121-32844-2

Ⅰ. ①你⋯ Ⅱ. ①王⋯ Ⅲ. ①创造性思维-通俗读物 Ⅳ. ①B804.4-49

中国版本图书馆 CIP 数据核字(2017)第 247857 号

策划编辑:张慧敏
责任编辑:李利健
印　　刷:北京天宇星印刷厂
装　　订:北京天宇星印刷厂
出版发行:电子工业出版社
　　　　　北京市海淀区万寿路 173 信箱　邮编 100036
开　　本:720×1000　1/16　印张:14.75　字数:236 千字
版　　次:2015 年 11 月第 1 版
　　　　　2017 年 11 月第 2 版
印　　次:2018 年 1 月第 3 次印刷
定　　价:59.00 元

凡所购买电子工业出版社图书有缺损问题,请向购买书店调换。若书店售缺,请与本社发行部联系,联系及邮购电话:(010)88254888,88258888。
质量投诉请发邮件至 zlts@phei.com.cn,盗版侵权举报请发邮件至 dbqq@phei.com.cn。
本书咨询联系方式:010-51260888-819,faq@phei.com.cn。

思维的翅膀是天生的,
但科学训练可以让你飞得更高、更远。

初版序一

有一种感受，叫撬开你的脑洞。

如果到图书馆或者上网查询有关创新思维的资料，你会看到汗牛充栋的文章和著作，不过，我敢对你说，你手上的这本书确实是一本《你没听过的创新思维课》。

有一种体验，叫互联网+出版和阅读。

这里是作者迸发灵感的海滩，你要拿出自己的手机探索其中的奥秘，方法是：打开手机上的微信，点击微信下面的"发现"选项，再点击"扫一扫"选项，这时手机上会出现一个自动扫描框，对左边的二维码进行扫描，你会进入《你没听过的创新思维课》序言；再对右边的二维码进行扫描，可以看到学生的读后感。

如果你使用手机阅读了序言，那么你已经掌握了"互联网+"的阅读方式。扫描下面的二维码，拓展阅读作者博客上更多的文章。

黎加厚

著名教育技术专家、上海师范大学教育技术系主任、教授

2015年8月7日于上海师范大学科技园

初版序二
一本富有启迪的好教材

我很喜欢阅读王竹立教授的文章。近些年，读过他博客中的一篇篇文章，最近，读了《碎片与重构：互联网思维重塑大教育》，又先睹为快地阅读了《你没听过的创新思维课》这部新作。他的作品视野开阔，分析入微，文句清新，语言优美，富有诗意和哲理，阅读起来令人十分愉悦。

《你没听过的创新思维课》是一部别开生面的创意之作。全书基于创新思维训练的慕课脚本，以一位智者与学子的对话形式，利用故事、案例、诗歌和题目，通过互动参与的方式，培养学生的批判性和创新性思维，整本书读起来就如同上了一门创新思维课，给人许多启迪和教益，这是对互联网时代教育方式的积极探索。在信息技术和教育技术不断发展的今天，如何利用新型的教学模式培养学生的创新能力，是一个重要的研究课题。王竹立教授身体力行，把在中山大学多年面授的创新思维训练课程，成功地拓展成大规模开放在线课程，并推出了这本关于创新思维的精彩著作，体现出了教育思想和教育理念的创新。

王教授对网络条件下新型的教学模式有许多深入的思考，他主张"慕课"向"慕秀"转型，把学习过程变成一个不断向前流动的"学习流"，而教师是有经验的学习者和组织者，以共同学习者的身份，与学生一起学习探讨，共同成长。我个人认为，这确实是培养创新人才很好的模式。七十多年前，著名教育家梅贻琦在《大学一解》的文章中曾说："古者学子从师受业，谓之从游。孟子曰：'游于圣人之门者难为言'，间尝思之，游之时义大矣哉。学校犹水也，师生犹鱼也，其行动犹游泳也，大鱼前导，小鱼尾随，是从游也，从游既久，其濡染观摩之效，自不求而至，不为而成。"这里他提倡的"从游"教育观念，实际上也是强调发挥学生自主性和探索性，使学生在游泳中学会游泳，在构建个人知识体系中得到创新能力的训练，从而实现知识创新。"从游"与"慕秀"的教育理念，可以说是一脉相通的。在竹立教授的这部新作中，师生便是从游在信息海洋中，劈波斩浪，冲破各种思维定势及心智枷锁，实现思维上的飞跃。它体现了慕秀的理念，是"在学习中创新，在创新中学习"的生动写照。

王竹立教授的著述拥有一个良好的读者群，其中不少是教育创新理论研究和实践的同道中人。他的新作《你没听过的创新思维课》付梓，值得同行祝贺，相信会给广大读者带来新的感受和新的启迪，也必将受到大家的欢迎和好评。

徐远通

著名教育家、中山大学原副校长、教授、博士生导师

2015年8月于中山大学康乐园

初版序三

正在北京出差，忽然收到竹立兄短信，说新作杀青，已发我邮箱，请我赏读，并邀我写一段推荐的文字。起初，我自己在心里想，拜读是一定的，作序之类的事情就不要了。一来，我对创新思维这样的主题并不熟悉；二来，书稿我都没读过，我怎么能确定自己是否有意愿写推荐呢？

北京会议间隙，我迫不及待地打开邮箱，下载了他的书稿，并利用暑期在宁波、武汉、厦门、昆明等地讲学旅行途中的间隙，以及在飞机上的零星时间，断断续续地通读了书稿。期间让我有种欲罢不能，爱不释手的感觉！于是就有了这篇文字。

这是一本选题新颖的著作。创新思维训练是一个老话题，并不新鲜，类似的著述确已不在少数。然而，在举国上下倡导"大众创新，万众创业"的背景下，在国内外创客运动风起云涌的时代，竹立兄的这本新作无疑在选题上是很合时宜的。尤其是能将老话题在新时代写出新意，实在不是一件容易的事情。

这是一本创作方式新颖的著作。就该书的诞生历程本身来看，在创作方式上，它也可以是创新的成果，它是一部践行创新的创新思维训练著作。过去几年，在中山大学的本科生和研究生教学中，竹立教授一直坚持开设《创新思维训练》课程。2015年年初，他又应超星公司的邀请，设计开发和制作了一门与创新思维训练相关的大规模开放在线课程，也就是大家熟知的慕课课程。后来，在此基础上，竹立教授又将其脚本和讲义拓展为一部著作加以出版。由此不难看出，这本著作是经历了较长时间的积淀和孕育的，是厚积薄发的成果，其分量自然可想而知。

在每一讲之后，竹立还为读者准备了不少课后练习和课后阅读，这就使得这本著作的教材特色更加鲜明。通读全书，不难发现，书中文笔优美，可读性强。全书并没有在不少著述中常见的那种晦涩抽象的文本叙述，更多的是一种娓娓道来式的、贴近生活的表达，大量鲜活的案例和故事，使得创新思维的理念、观点、方法、技巧不仅更容易为读者接受，而且更便于读者将书中介绍的方法和技巧应用于自己的创新思维实践之中。仅这一点而言，已属不易！

过去几年间，竹立教授一直在坚持更新自己的博客，也拥有了大量的忠实读者和粉丝，其中包括我本人。在博客中，我时不时地可以读到相关的内容。应该说，这本著作的许多观点和内容，最初就是发表在竹立教授的博客上的，这些博文是竹立教授的教学手记和心得，是和学生的对话和交流，或者是他和他的读者之间的切磋琢磨。因此，这本著作的诞生，应该可以说是他的"零存整取"式新建构主义学习理论的结晶。

慕课，作为全球开放教育资源运动的一个重要组成部分，是世界开放教育和远程教育发展的必然结果。在过去的几年间，慕课在世界范围内的高等教育领域掀起了惊涛骇浪。然而，究竟如何将作为非正式学习的大规模开放在线课程整合进大学的正式学习之中，也就是究竟怎样让慕课落地，真正进入大学的课堂，为课堂教学改革和人才培养质量的提升做出贡献，这的确是一个极为重要的课题，也是目前许多研究人员、大学、机构和在线教育企业正在积极探索的热点课题。

当许许多多的大学还在观望的时候，当许许多多的在线教育研究者还只是点评、研究和刊发学术论文的时候，王竹立教授不仅在自己的零存整取新建构主义学习理论的指导下，在大学的课堂中开展了大胆的实践和探索，而且已经开始了自己的大规模开放在线课程的实践。竹立教授新作问世，可以说是在慕课教学实践中的一个创新之举。

竹立教授应邀将自己在校内开设的有关创新思维的面授课程，拓展为大规模开放在线课程，并在此基础上推出自己的创新思维著作。如此一来，这本著作自然会使修读这门慕课课程的学习者获得与课程配套的印刷本教科书。本书的发行和推广，与同主题慕课课程的教学实践紧密结合，二者将相互促进和相互支持。这无论是对慕课课程的教学实践，还是对学术著作，尤其是教科书的出版和传播，都无疑是难能可贵的创新和尝试。

这是一门你没有听过的创新思维课程！

这是一本你没有读过的创新思维的著作！

我喜欢这本著作，并乐意将其推荐给你！

是为序！

焦建利

著名教育技术专家、

华南师范大学教育信息技术学院副院长、教授、博士生导师

2015年8月2日

初版自序
一封学生的来信

老师您好！

我上了您的课，是关于创新思维的，我听后觉得很好。

但我还有问题，就是我一直对自己的认识是：没有什么创新能力！为什么这样说呢？因为我看不出自己在哪方面有创新。

从初中到现在，单从学习这方面来说，我都是通过做题来学习解法，在我接触了大量的解题法之后，如果遇到一种新的题型，我还是无法应对。我没办法从大量的积累中创造出新的东西。最让我感到沮丧的是，在学习新知识的过程中，同学们都会产生自己的想法，有时还会有一些很不错的点子。而我，虽然在班里的成绩还算不错，但我总找不到问题来提，而且解决问题的方法也都是些固有思路。

我感到很郁闷，而这还仅仅是我自我感觉中的一小部分。

那天您提到，有一本书上介绍过10个常见的心智枷锁，我没看过，也不知道里面说了什么，但我感觉很有必要了解一下。因为一想到现在这社会没有一点创造性的东西，是很难立足的。而且，作为中山大学学子，也有辱母校名声，请老师指点。

期待您的下一次创新思维课！

谢谢！

这是几年前我给本科生上完一次创新思维课后收到的电子邮件。这么多年来我一直保存着，作为每年创新思维课中的一个典型案例。我想通过对这封信里提出的问题的解答，告诉学生一个道理，人人都可以创新，只要你懂得创新思维原理，掌握了创新思维方法，同时建立起创新的自觉与高度的自信，你也会成为一个有创造力的人！

  这本书就是我近年来从事创新思维研究和实践，在本科生、研究生中进行创新思维训练的一次总结。2015年年初，我应超星公司的邀请，拍摄一门十五集的《创新思维训练》慕课，在创作拍摄脚本的过程中，忽然萌生了将文字脚本扩充为一本书的规模，并交电子工业出版社出版的想法。经与出版社的张慧敏编辑和超星公司负责尔雅通识课的邓洁经理沟通，一拍即合。这就是读者现在看到的这本书的来源。

  为了写作方便，我保留了慕课脚本的基本框架，增加了课后阅读的部分，使整本书读起来就像上课。从第一堂课的开场介绍"什么是创新思维"，到最后一堂课的用诗歌进行课程总结，全面反映了我的创新思维教育理念与教学思想，其中既有我学习实践创新思维的心得体会，也有我自己原创的学术观点与思维方法，希望大家能从中感受到与同类书籍不一样的内容与风格，如同听到一门别具一格的创新思维课程。如果能对读者的学习、生活、工作有一点启发，大家读完之后能想想：这本书有点意思，还不错！我就感到心满意足了。

  是为序。

王竹立
2015年7月22日

再版自序

本书能在短时间内再版，得益于两方面因素：一是时代对创新的需求，二是读者对本书的厚爱。

对于本次修订，笔者只做"加法"，未做"减法"。除了对少数几讲的课后阅读有所增补外，重点增加了对教师的指导内容，以供开展《创新思维训练》课程教学的教师参考。

为了使用方便，笔者将本书分为上下两篇。上篇主要是给学生看的，下篇主要是给教师看的。这种在一本书中对两类读者说话的做法，可能还是头一次。

其实这是一种危险的做法。教师的那点小招数被学生都知道了，这课还怎么上？不过，这种危险对作者也一样，除了继续创新，我们别无选择。

王竹立

2017年8月9日

目 录

上篇　课程学习

第一讲	什么是创新思维	2
第二讲	心智模式与心智枷锁（上）	12
第三讲	心智模式与心智枷锁（下）	23
第四讲	转变思考方向	34
第五讲	软性思维	44
第六讲	强制联想	62
第七讲	思维导图及其创新应用	79
第八讲	简化思维与打破规则	92
第九讲	移植、借鉴与连接	105
第十讲	批判性思维与创新	117
第十一讲	平行思维与六顶思考帽	126
第十二讲	包容性思维	133
第十三讲	创新人格	151
第十四讲	创新情境	165
第十五讲	创新思维课程总结	176

下篇　教学指导

第十六讲　常见问题	186
第十七讲　教学设计	190
第十八讲　典型案例	203
附录A　课后练习参考答案	214
附录B　创新思维类书籍推荐	217
再版后记	220

上篇
课程学习

第一讲
什么是创新思维

（场景：教师与两名学生围在一张桌子前，相对而坐，侃侃而谈。旁边有一块白板。）

师：两位同学，我想提一个问题，什么是创新思维？

生1：（挠头）创新思维……就是要与众不同。

生2：就是要新颖。

师：与众不同、新颖，都是一个意思，不错！我举一个例子，如果我们在一辆公交车的顶上也装四个轮子，这个新颖吗？是创新吗？

生2：这个新颖倒是新颖，但不是创新。

师：为什么？

生2：在车顶装四个轮子有什么用呢？反而会有害处。

师：那创新还有别的要求吗？

生1：创新还要有价值。

师：对，非常好！新颖加上有价值，就构成了一个创新作品的两个主要要素。

生2：老师，我有个问题，什么叫作有价值？

师：是呀，什么是有价值的？什么是无价值的？

生1：我觉得有价值就是你创新的东西要有用处，比如解决了某个具体问题，提高了工作效率，等等。

师：那假如我画了一幅全新的画，或者创作了一首新诗，算不算有价值？

生2：我觉得也算呀，因为它带给了我们艺术享受。

师：是的，因此，价值可以是多方面的，有的有实用价值，有的有观赏价值，还有的有认识价值。比如，我给你们看一张我用手机拍摄的作品，如图1-1所示，这个作品的名称叫《无力自拔》，我们知道羊角锤可以用来拔钉子，但这个锤子身上有很多个钉子，它自己不能拔下来，这就让我们想到一个成语"无力自拔"，是不是？有意思吧？

图 1-1　（王竹立摄于广州市天河城）

生1、生2：（点头）

师：再看一个例子，你们看这算不算一种创新呢？（展示推销员案例）

【白板内容】两个推销员到同一个岛屿上推销鞋。第一个推销员上岛后，发现这个岛上每个人都是赤脚。他气馁了，马上发电报回去，告诉公司，鞋不要运来了，这个岛上没有销路的，因为每个人都不穿鞋。第二个推销员来了，高兴得几乎昏过去了，这个岛上鞋的市场太大了，要是一个人穿一双鞋，那要销出多少双鞋呀？马上打电报，叫公司空运鞋来。

生1：我觉得算！

生2：老师，这算一种什么样的创新呢？

师：我们可以把它称为思维创新、观念创新或者心态创新。比如，你买了一辆新车，结果没几天你的车就不知道被谁划了一道痕，你是不是特不爽，觉得好好的一部车就被破坏了？但其实你换一种思路思考，这只不过划了一道小印子而已，既不影响整体的美观，更不会影响车子的性能，这样的事情常有，而且很容易修复，不值得为此把自己的心情弄得很糟。这样一想，心情就开朗了。这就是一种心态创新。

生1：原来创新思维还可以用到这里。

师：你们想知道后来第二个推销员是怎样在岛上推销鞋子的吗？

生1、生2：想！

师：第二个推销员发现岛上的人对大象很崇拜，把大象视为他们的吉祥物。于是，推销员就在大路边竖起了一个巨大的广告牌，广告牌上画了一只大象，象的四只脚上都穿了他们公司的鞋子！

（众笑）

师：那我再问你们一个问题，假如我发明了一个东西，现在看似乎暂时没有什么用处，但说不定以后会有用处，那算不算创新呢？

生1：也算吧，现在没用不等于将来没用。

师：是的，所以对于新事物，我们要持一种开放的态度，给它们足够的成长空间。不要急于下结论。现在我给你们看一个东西。

（展示"牛头"照片，如图1-2所示。）

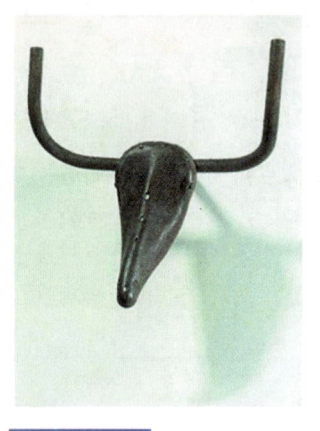

《牛头》

毕加索

（西班牙，1943年）

图 1-2　　（本图片来自网络）

师：你们知道这是一幅什么作品吗？是谁创作的？

生1、生2：不知道。

师：你们看看它像什么？

生1：像一个牛头。

师：对！这个作品的名称就叫"牛头"，它是西班牙著名画家毕加索的一幅名作，是一个现成品雕塑。所谓现成品雕塑，就是用现成的材料、物品经过重组，变成一个全新的作品。你们看的这个图就是由自行车的坐凳和把手拼成的，对不对？据说毕加索有收集破铜烂铁的爱好，有一次，他看到一个老人那里有一辆破自行车，就问老人还要不要。老人说"不要了，送给你吧"。毕加索就把自行车带回家，把自行车的把手和坐凳拆下来，这么一拼，就成了一个举世闻名的现成品雕塑。你们知道，牛在西班牙是一个图腾，就像中国的龙一样，西班牙不是有个斗牛节吗？这幅作品因此就有了文化意义，也就是文化价值了。从这个故事里你们看到了什么？

生2：艺术家的眼光就是跟我们不一样。

师：是的，在我们大多数人的眼里，自行车就是自行车，很难再把它看成其他的什么，是不是？但有创造力的艺术家就不同了，他和我们看同样的东西，却能想出不同的事情来。

生1：看同样的东西却能想出不同的事情，这是不是就是一种创新思维能力？

师：说得很好！我们可以给创新思维下一个通俗的定义，那就是，创新思维就是和别人看同样的东西却能想出不同的事情的一种思维方式，或者说一种能力。有创新思维的人每天看到的事物其实与大多数人没什么不同，但他的思维方式却很不同，他会看到别人看不到的东西。也就是说，有创新思维的人有一双"慧眼"，如图1-3所示。

"<u>发明</u>就是和别人看同样的东西却能想出不同的事情"

————艾伯特·詹奥吉

（诺贝尔物理学奖获得者）

"<u>创新</u>就是和别人看同样的东西却能想出不同的事情"

图 1-3　　（图片来自王竹立幻灯片）

第一讲　什么是创新思维

生2：老师，为什么我们没有这样的"慧眼"呀？我们怎样才能拥有这样的"慧眼"呢？

师：别着急，这些问题我会在后面慢慢谈到。

生1：老师，我忽然想到一个问题，您说有创新思维的人思维与众不同，那是不是天才和疯子比较接近呀？

师：（笑）不能这么说，思维方式与众不同的人并不就是疯子，我们每个人的思维都不会完全一样。也就是说，每个人的思维都有与众不同之处，只要你这种与众不同不会造成日常生活的困难，不会与现实世界完全脱节，就都是正常的。只在个别极端的例子里，天才与疯子确实只是一线之隔，但绝大多数有创造力的人精神都是非常健全的。

生1：老师，我还有一个问题，创新是不是很难呀？

师：说难也难，说容易也很容易，关键是方法要对。我给你们看几个例子。

（展示几张发明创造图片，如图1-4所示）这个难吗？

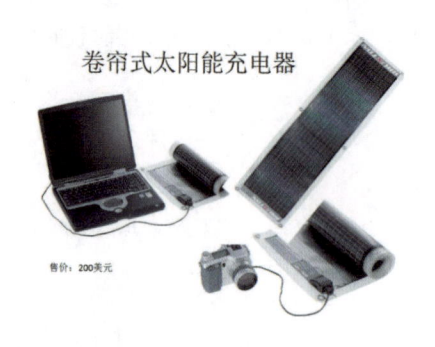

卷帘式太阳能充电器

鞋柜与楼梯在一起

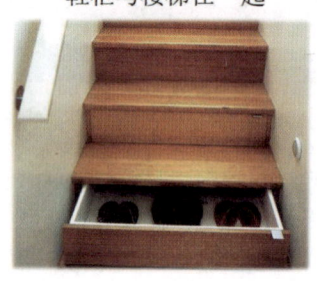

带刻度的腰带

自拍支架

双人雨伞

图 1-4　（图片来自黎加厚教授幻灯片）

生2：不难，但关键是要能想得到。

师：对，我们怎样才能想出创新的点子呢？请大家耐心听我讲给你们听。

课后阅读　为什么需要创新

百度百科的定义：创新（innovation），简单地说，就是利用已经存在的自然资源创造新东西的一种手段。创新是指人为了一定的目的，遵循事物发展的规律，对事物的整体或其中某些部分进行变革，从而使其得以更新与发展的活动。创新能力指人在顺利完成以原有知识经验为基础的创建新事物的活动中表现出来的潜在的心理品质。

创新，如今成了中国最震耳欲聋的词。不仅企业要自主创新，学校要创新教育，政府要创新体制，连社会也要转变成创新型社会，国家要打造成创新型国家。创新，甚至上升至关系到民族发展进步的高度。为什么创新变得越来越重要？恰恰是因为我们的国家以往在创新方面做得非常不够，恰恰因为我们的社会还存在着诸多不利于创新的环境和因素。

记得多年前在一个教学研讨会上，当有人提出要加强大学生的创新意识时，某位主管教学的大学副校长不以为然地说：创新，那是研究生的事吧？大学生应该还是以学习知识为主。直到今天，仍然有不少领导认为，创新是少数尖端人才的事，大部分人是不需要创新的。

真的是这样吗？

国外有研究证明，儿童的创造力最强，随着年龄的增长，人的创造力在不断减退。这是为什么呢？我觉得可能与经验和教育有关。儿童什么都没学过，也缺乏经验，因而当遇到新问题时，会根据自己的理解和想象寻找解决办法，尽管这些办法未必可行，但确实表现出很强的想象力和创造性。成人由于受教育和既往经验的影响，即使在遇到新问题时，也会首先想到书上是怎么说的？或者前人是怎样做的？或者到自己的经验中去寻找现成的答案，虽然往往有效，却由于容易受固定思维的影响，很少表现出创造性。

印度有一位哲人说过这样一段话：

"每一个孩子在最初入学时都非常聪明，但很少有人离开大学时仍然是聪明的，那非常少见。大学教育总是成功的。没错，你拥有了学位，但是你也付出了巨大的代价来购买那些文凭。你失去了你的聪慧，失去了你的喜悦，也失去了生命力，因为你失去了右脑的功能。

"制造者和创造者的区别在哪里？制造者知道如何用正确的方式来做事，

他会用最富经济效益的方法做事，用最少的力气制造出最大的成果，他是一个制造者。

"而创造者是个四处玩耍、探险的人，他不知道什么是正确的方法，所以他不断地寻找、追寻各种不同的方法；他常常会走错方向，但不论走到哪里，他总是能够从中学习，也因而变得愈来愈丰富。创造者会做出从来没有人做过的事情，如果他只遵循正确的方法做事，就永远无法做出那些没有人尝试过的事情。"

这段话将创造者和制造者的区别很好地点了出来。从某种意义上说，传统的教育把我们每个人变成了一个制造者，而不是创造者。如果按照那位大学副校长的观点，要等到研究生阶段才开始培养学生的创新意识和创新能力，那岂不太晚了？！

那么，是不是只有少数尖端人才才需要创新？如果你只是普通的工人或职员，就无须创新了？其实不是！创新对每个人都很重要，创新能使你的工作变得更有效率也更有趣味，创新还能使你的生活变得更加美好。

国际发明奖获得者包起帆的"平凡人创新论"就很有启示性。他说："我在上海国际港务集团工作，曾是一名装卸工人。我认为，只要热爱自己的工作，即使在平凡的岗位上，也会产生创新想法，对改变人们的生活方式产生影响。""创新可以是科学家在实验室中的工作，更应该是千百万劳动者共同参与的实践，创新不分岗位"。正是基于这样的信念，包起帆由一个普通的装卸工人，成长为一名9项国家专利和多项国际发明创造金银奖的获得者，被誉为"抓斗大王"。这样的例子比比皆是。

即使没有发明创造，掌握创新思维对我们每个人的生活也有莫大的好处。创新思维里的发散思维、多向思维、立体思维等方法，让我们学会从不同角度看问题，避免消极和片面，可以为我们带来"心态创新"。

对于国家来说，创新的重要性就更不用说了。我曾经看到过如图1-5所示的一张幻灯片。

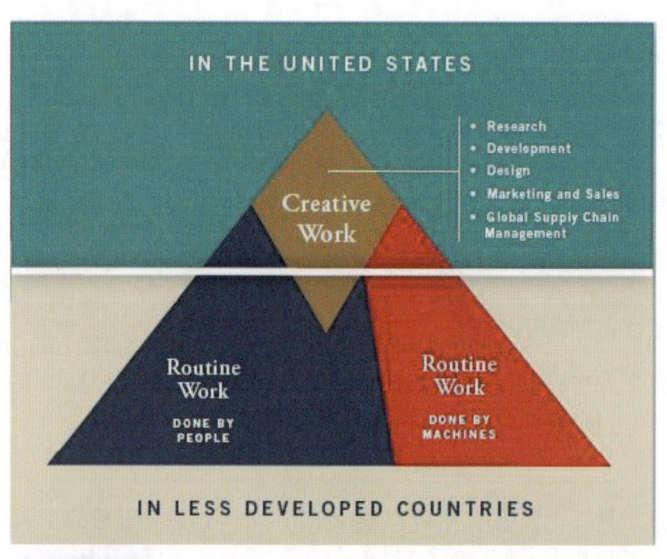

图 1-5　（图片来自柯清超教授幻灯片）

　　画面的上半部分，冰山的尖顶代表创造性工作，包括研究、开发、设计、销售、全球供应链和管理这类工作，都是由美国在做的；冰山下半部分是主要依靠人力和机器完成的工作，由像中国这样的非发达国家完成。这幅图画给我们的震撼与警示不言而喻。

　　读到这里，大家都应该知道，我们为什么需要创新了。

课后练习　动动笔

一、单选题

1. 下面关于创新的描述中，哪一个是正确的？

　　A．创新就是发明一个全新的事物
　　B．创新必须在拥有丰富知识的基础上才能进行
　　C．将两件平常的事物进行重组也可能是一种创新
　　D．创造出来的东西必须有实用价值才算真正的创新

2. 有人按照衣夹的样子，用金属材料制作了一个巨大的"衣夹"，竖立在一座大厦的前面，你认为这是不是一种创新？

　　A．不是，衣夹是晒衣时用的，放在大厦前面算怎么回事
　　B．不是，它仅仅是将衣夹放大了很多倍，算不上创新
　　C．是的，因为它是艺术家做的，就是创新
　　D．是的，因为它与众不同，而且颇具视觉冲击力，有欣赏价值

二、判断题（请在下面的句子后面的括号内打✔或打✗）

1. 中小学生主要是学习基础知识，无须培养创新思维，只有大学生甚至研究生才需要进行创新思维训练。（　　）

2. 只是少数尖端人才需要创新思维，大多数普通人并不需要。（　　）

3. 人人都有创造力，只不过有些人没有表现出来，有些人表现出来了而已。（　　）

4. 未来属于拥有与众不同思维的人。（　　）

三、思考题

1.想想看，你身边有哪些创新的人和事？你自己做过哪些有创意的事情？

第二讲
心智模式与心智枷锁（上）

（场景同前）

师：今天我们来做一个小游戏。（在白板上展示九子图）图2-1所示为一个九子图。你们可以把它想象成是九个围棋子摆成的一个正方形。现在，我要你们用首尾相连的直线把这九个子连起来，你们想想，一共需要几笔？

生1：老师，什么叫首尾相连？

师：首尾相连就是上一笔的尾巴与下一笔的开头是连起来的，也就是你的笔放下去，就不能再提起来从另一个地方开始，而且要求是直线，不能画成曲线或其他线条，我给你们示范一下，注意看。一笔、两笔、三笔、四笔、五笔，一共需要五笔，对不对？

五笔连接的九子图

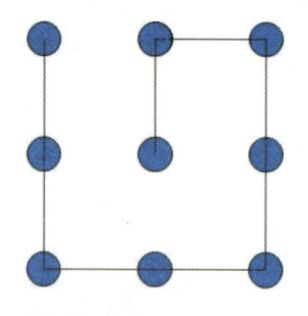

图 2-1　（图片由王竹立自画）

生1、生2：对！

师：现在我要求你们试试，看看能不能只用四笔就将九个子连起来。

（读者也可以自己拿出纸笔试试。）

生1：老师，我觉得四笔绝对画不出来。除非首尾可以不相连。

师：不行，这不符合我的要求。你再想想。

生2：老师，我画出来了，你看这样可以吗？（展示如图2-2所示的画法）

美国创造学会会标

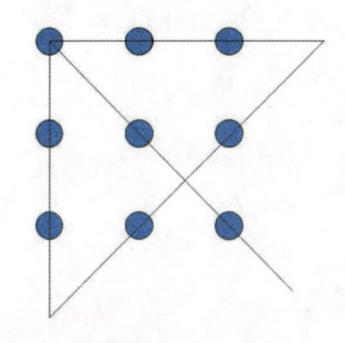

图 2-2　（图片由王竹立自画）

师：对！就是这样画。你们想想，为什么一开始你们画不出来？

生1：我总是想着如何在正方形里面画了，没想到可以画出界。

师：对！这就是症结所在。老师刚才特意给你们示范了一下大多数人的常规画法，于是在你们的心中就形成了一个只能在正方形框里面画的印象，其实老师并没有说过只能在正方形里面画，为什么你们会那样想呢？这说明你们心里已经形成了一个框框，一个定势，这就是一种心智模式。

生2：什么是心智模式？

师：心智模式也可以叫定势思维，就是我们看问题、想问题的习惯方法。我们每个人看问题想问题时都有一个固定的套路，当我们第一眼看到某个人或事物时，往往首先会采取这种习惯套路去思考和判断。也就是说，在你的内心存在一个对事物认知比较固定的模式。现在，我们继续做这个游戏。刚才你们掌握了用四笔连接九子的画法，关键点就是要把直线画出正方形的边界，这种思维模式又叫越界思维。据说这张图是美国创造学会的会标。说明越界思维是很重要的创新思维方式。现在，我进一步要求你们用三笔把九个子连起来。

（读者也可以试着在纸上画画。）

生1：老师，这个好像更难？

师：刚才我说过，妨碍我们有突破性想法的关键，就是我们头脑里有一个隐形的框框，你们想想，这次的那个"框框"在哪里？是什么？

生2：老师，连接线是不是一定要从圆点的中间穿过？

师：我有这样说过吗？

生2：那我知道了，可以这样画。（展示如图2-3所示的画法）

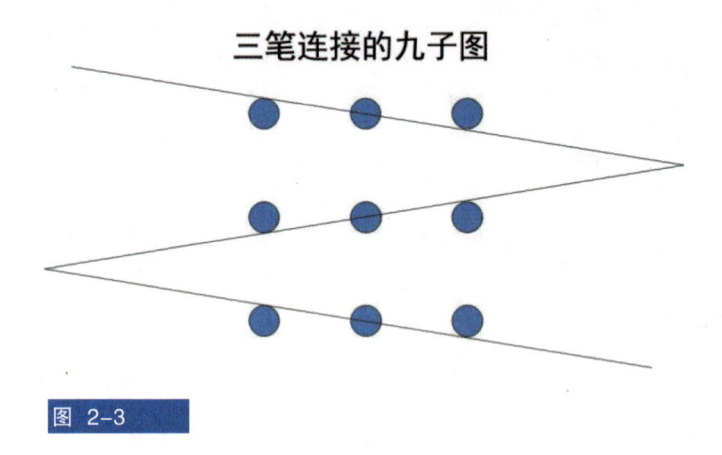

三笔连接的九子图

图 2-3

师：非常好，这是又一次突破思维定势。现在你们明白到底是什么在妨碍我们创新了吧？

生1：心智模式。

师：其实心智模式并不都是不好的。我们每个人都是带着一种习惯模式或定势思维来看世界的，有时这个模式与外界事物的本质或规律正好近似，那么我们就可以很快对这个事物做出正确的判断；只有当我们的心智模式与事物的本质或规律不相吻合的时候，才会妨碍我们产生新的思维，这时心智模式就变成了心智枷锁。**要想实现思维创新，就必须打破心智枷锁。**现在，我再给你们提一个要求，你们能用一笔将这九个子连起来吗？

生1：老师，我知道，可以用一条很粗的笔，将九个子一次连在一起。

师：这只是其中一种方法，你们还可以想出更多的方法吗？

生1：还有别的方法呀？

师：对，激发创造力的秘诀之一就是努力寻找第二个答案。

生2：老师，可不可以把纸折叠起来，让所有的点都在一条直线上？

师：对，这也是一种方法。

生1：这样也可以呀。那我说一种方法，把纸平放在地上，然后拿一支笔，先沿着第一排的三个子画过去，只偏那么一丁点，然后沿着地球转一圈再回来，让直线穿过第二排的三个子，再绕地球转一圈回来，再穿过第三排的三个子，不就可以了吗？

生2：这不是直线，而是弧线呀。

生1：反正在地球上的人来看，他就是在画直线。

师：非常好！你们已经开始懂得创新思维的奥秘了，或者说，你们已经开始入门了。

生1：老师，心智模式是怎么形成的呢？

师：这个问题问得很好，我们下节再讲。

课后阅读1　博学之后才有创新？

在我给学生讲过创新思维课后，一位学生在学习论坛里发了一个帖子，大意是博学之后才有创造。我从中还读出了这样的潜台词：与其搞什么虚无缥缈的创新教育，还不如老老实实打好基础、学好知识再说。

这不是一个人的观点，这个观点跟我前面提到的那位大学副校长的观点有相似之处。这些观点都认为：知识是创新的前提和基础，知识越多，创新能力越强；学习知识和发明创造是不同阶段的事情；只有先学好了知识，才谈得上创新。有人甚至认为"除了所掌握的知识存在差异外，没必要认为创新的人与没有创新的人之间存在显著差异"。

这些观点初听起来似乎很有道理，但细分析就大可商榷了。如果真是这样，我们如何解释很多科学家、艺术家、发明家都是在年龄还不大、知识还不十分丰富的时候就做出了重大的创新发明？这方面的事例不胜枚举。例如，我国山西省绛县小学二年级学生李珍就有三项发明获国家专利，中学生史丰收发明了独特的速算法；北京工人吴作礼只有高小文化，却有30多项发明；上海15岁的姑娘杜冰蟾1990年发明了震惊学界的"汉字全息码"；高斯17岁就提出了最小二乘法；伽利略20岁发表了关于自由落体运动的论述；牛顿23岁发现了万有引力定律；海森堡24岁建立了大量子力学；爱迪生16岁发明了自动定时发报机；爱因斯坦最初沉湎于奇妙深邃的"想象实验"（以光速跟着光速跑）时，还是一个16岁的中学生，正式创立相对论时也不过是知识相对较少的26岁的青年人；图灵发表奠定整个计算机和人工智能基础的论文时年仅24岁。据英国《星期日泰晤士报》报道：研究人员在对数千名发明者的成就进行调查之后发现，人生中的第一次重大灵感的出现时间最有可能是在29岁。

还有不少例子证明创新并不是博学者的专利，有时某个领域的"外行"反而比"内行"更容易有所发明和创造。美国伟大的民主诗人惠特曼，完全打破通常的诗歌规范，创造出一种极富革命意义的自由体诗歌，他创作的独具一格的《草叶集》成为美国文学登上世界文学殿堂的开山之作。惠特曼并不是学富五车的学者，而是一个曾经做过木匠、排字工人、小报编辑的"粗人"；地质学中著名的大陆漂移说，是由德国气象学家魏格纳提出并论证的；被恩格斯誉为"近代化学之父"的英国道尔顿，他在提出化学原子论时，还是一个化学知识很少的气象学家。正是由于他的化学知识少，不了解当时化学家用来解释混合物与化合物区别的亲和理论，才使得他未受任何框框的束缚，从当时化学家们感到迷惑不解的溶液均匀性问题中揭示了关于元素化合物的倍比定律，并且进一步提出了"化学原子论"。

他们中的不少人在年龄增长、知识越来越丰富之后，反而江郎才尽，再也做不出年轻时那样的贡献了，这又是为什么呢？怎么解释国外研究发现：儿童比青少年更具有创造力，青少年比成年人更具有创造力呢？

不可否认，没有一定的知识，要想做出有实际价值的发明创造是不大可能的；儿童的创造性如果没有相应的知识与技能支撑，恐怕也难以直接变成有实际意义的创新成果。也就是说，有创造力还不能与创新成果直接画等号。要做出创新性成果，没有知识是万万不能的，这一点在今天这个时代尤其如此；但有了知识，而且有了很丰富的知识，也不一定就能创新。有时知识多了，反而有可能束缚创新。

科学家曾对此做过一些实证研究。Simonton曾对正规教育水平与卓越创造性成就之间的关系进行了研究。他研究了300多名出生于1450—1850年间的卓越人物，其中包括达芬奇、伽俐略、莫扎特、伦希朗特、贝多芬等。先确定每个人达到的正规教育水平，然后通过档案法给每人的成就记分。结果发现：正规教育水平与创造性成就之间是一种倒"U"形曲线，成就的高峰出现在大学本科教育的阶段，很少或更多的教育训练（包括研究生教育）与低水平的成就联系在一起。因此，他认为高水平的知识对创新有负面影响。另一个是陆钦斯关于"问题解决"的定势研究。他发现，由于个体曾成功解决某一个具体问题，由此形成了定势，这就使有经验的参与者陷入思维的习惯模式中，在解决新问题时产生负面迁移，仍盲目运用以前成功的方法，而忽视了一些更简单的解决办法。因此，生活中常常有这样的现象：有经验的问题解决者不能解决的新问题，毫无经验的新手却能毫不费力地加以解决。

Frensch和Slemberg的研究也表明，专家们在适应游戏规则变化方面不及新手。他们设计了两类变化：表面变化与深层变化。表面的变化包括名称和一组牌的次序的变化，深层变化包括由输者开始下一局而不是赢者开始。新手和专家都在两种变化下受测试，专家特别容易受深层变化的影响，适应它们比新手更困难。这表明，知识使思维在适应世界的变化方面更不灵活。

课后阅读2　创新的"十年法则"

Hayes研究了在音乐创作、绘画、诗歌创作等领域,要达到大师级水平所需要的时间。结果表明,在所有被调查的领域中,即使那些最有名的"最具天赋的"人,在创作出成名作之前都需要多年的准备。例如,他们考察了76个作曲家从入门到创作出第一首成名作之前所花费的时间,分析了这些作曲家一生中创作的500多部名作。结果发现,这些作品中只有3部是在作曲家创作生涯的第10年以前创作的,且这3部作品都是在创作生涯的第8年或第9年创作的。他描述作曲家创作生涯的一般发展模式是:始于他称之为"默默无闻的十年";其后才出现第一部杰作;接着创作生涯的10~25年间杰作迅速增加;在第25~49年间是创作力稳定的时期;最后逐渐减弱。据此,Hayes认为,准备期(从某种意义上说专心致志于某一学科)对于创新性成果来说是必需的。作曲家、画家、诗人需要一定的时间在他们从事的研究中获得充分的知识和技能,才能在该领域里达到世界级水平,这就是所谓创新的"十年法则"。Bloom及其合作者通过对不同的领域如雕塑、数学、网球等达到世界水平成就的人的访谈调查研究,也证明了"十年法则"的正确性,即每个人创新出第一部重要作品之前,其事业都必须经历长期的发展阶段。

前文曾经介绍正规教育水平与创造性成就之间呈倒"U"形关系,而"十年法则"揭示要在某个领域达到大师级水平需要进行长期的知识积累和练习,这两者是否有一定矛盾呢?

上述两方面的证据其实并不矛盾。前者说明了正规的教育并不是越多越好,知识与经验有时可能会让我们形成思维定势,从而束缚创新思维;后者证明即使再有天赋的人,在创作出成名作之前,也需要较长时间的学习和积累。这种学习和积累既包含知识方面,也包含技能和思维等方面。

那么接下来需要讨论的问题有三个:一、为什么正规教育与创新能力不是呈正比关系,而是倒"U"形关系?二、对于创新而言,知识要积累到什么程度才刚好足够,而不是太多?三、什么样的知识对创新是有帮助的,而什么样的知识对创新有妨碍作用?

对于第一个问题,我是这么看的。所谓正规教育,指的是学校提供的学历教育。这种教育多是按照学科和课程分科教学的,大多采取班级教学制,有一整套固定的模式与规范,比较强调知识的理解与记忆。这样的教育对知识的传承是有利的,但对学生的创新能力和个性培养却是不利的。另外,学校教育一般只能传授可以用文字和符号表达的显性知识，对于难以用文字和符号表达的隐性知识（又称为缄默知识和意会知识）往往无能为力，而后者对创新发明恰恰更有作用。这也就是在创造发明方面，许多科班出身的人不如非科班出身的人的原因。非科班出身的人通过自己的实践获得的隐性知识要比科班出身的人多，知识结构也更利于问题的解决。

第二个问题我以为很难回答，不同领域、不同类型的创新所需要的知识是不同的，很难一概而论，前面提到的创新的"十年法则"可供参考。

第三个问题有人进行过探讨。例如，陈文华认为，关于具有创新价值的知识，从参与创新过程的性质上看，可以分为两类：一类是直接参与创新过程的知识，一类是间接参与创新过程的知识。前者包括逻辑上有必然联系的知识，一些断层的和不确定的知识，多学科、多类型、多方面的交叉知识，以主题为中心构成的结构性知识和方法论知识；后者包括富有开放精神的文化知识和审美的知识。

我以为，对创新真正有用的，不是知识的总量，而是知识在个人头脑里是如何形成、如何组织，以及如何利用的。这取决于一个人的思维方式。一味强调知识的学习，只会使人思维僵化，成为名副其实的书呆子。很难想象，一个脑袋里堆满了按照前人的条条框框组织起来的知识的书呆子，能够有新的发明创造。那种认为先学知识后谈创新的观点是错误的。因为最重要的不是掌握知识，而是掌握创新思维方式。此外，还有强烈的创新意识、充沛的体力、精力和智力，以及千载难逢的机会等，所有这些因素的结合才有创造。下列学者的看法可作为我的观点的佐证。

——有人问爱因斯坦："谁能搞出伟大的发明？"他说："如果大家都认为某件事是不可能的，但如果一个怪人对此一无所知，他就能搞发明。"

——我国著名学术大师季羡林先生认为："我觉得，一个真正的某一方面学问的专家，对他这门学问钻得太深、太透，想问题反而束手束脚，战战兢兢。一个外行人，或者半个外行人，宛如初生的犊子不怕虎，他往往看到真正专家、真正内行看不到或者不敢看到的东西。""从人类文化发展史看，如果没有极少数不肯受钳制、不肯走老路、不肯故步自封的初生犊子敢于发石破天惊的议论的话，则人类进步必将缓慢得多。"

——黄昆院士的体会："学习知识不是多多益善，越深越好，而是要服从于应用，要与自己驾驭知识的能力相匹配，要少而精，既能站在前人的肩膀上，又能不被前人束缚住。"

小资料一

Dunbar进行了科学创新的实验模拟，结果发现：本科新生在实验室控制的情境下也能做出科学的发现。提供与实验结果有关的信息，他们能够运用计算机模拟来设计和完成他们自己的进一步实验，能够重复Monod和Jacob获得诺贝尔奖的发现——控制其他基因活动的调控基因，甚至那些对基因领域只有一些最表面知识的学生也能成功。

小资料二

日前，国际顶尖科学期刊《自然》（Nature）在其生物技术分刊上发表了以华南理工大学在校本科生罗锐邦为并列第一作者、金鑫为署名作者的学术论文《构建人类泛基因组序列图谱》，在学术界、教育界刮起一阵不小的旋风。

《构建人类泛基因组序列图谱》发现人类基因组中存在种群特异，甚至个体独有的DNA序列和功能基因，并首次提出了"人类泛基因组"概念。专家指出，这一研究树立了新的人类基因组测序标准，是中国科学家在人类基因组研究领域的又一重要贡献。

事实上，早在2008年，华南理工已有两名2004级应届本科毕业生成为以封面文章发表在《自然》杂志上的论文作者。2014年8月，该校另一名本科生邵浩靖在《科学》（Science）杂志署名发表了论文《40个基因组的重测序揭示了蚕的驯化事件及驯化相关基因》。他们当中，年龄最小的仅20岁。

（来源：http://www.chsi.com.cn/jyzx/201001/20100121/62334990.html）

课后练习 动动笔

一、单选题

1. 阻碍我们创新的根本原因是

   A. 知识储备不足
   B. 心智模式
   C. 思维定势
   D. 心智枷锁

2. 要想成为有创造力的人，最关键的是

   A. 打好知识基础
   B. 发现自己的不足并加以弥补
   C. 提高逻辑思维能力
   D. 突破定势思维

二、判断题（请在下面的句子后面的括号内打✔或打✘）

1. 创造力的高低取决于知识的多寡（   ）

2. 心智模式既有利也有弊（   ）

3. 内行的创造力一定强于外行（   ）

4. 心智枷锁往往不容易被发现（   ）

三、思考题

请尝试回答下面两个案例中的问题，并思考在这两个案例中，常见的思维定势是什么？

案例一

在一个荒无人迹的河边停着一只小船，小船只能容纳一个人。两个人同时来到河边，两个人都乘这只船过了河。请问他们是怎么样过河的？

案例二

公安局长在茶馆里与一位老人下棋。正下得难分难解之时，一个小孩急急忙忙跑进来对公安局长说:"你爸爸和我爸爸吵起来了。"老人问:"这孩子是你什么人?"公安局长答道:"是我儿子。"请问,这两个吵架的人与公安局长是什么关系?

第三讲
心智模式与心智枷锁（下）

（场景同前）

师：上一讲中我们谈到心智模式，大家还记得吗？

生1：记得，心智模式就是我们看事物想问题的习惯方式，又叫思维定势。

师：心智枷锁呢？

生2：当心智模式与事物的本质和规律不相符的时候，就会成为妨碍我们创新的心智枷锁。

师：对！那么心智模式和心智枷锁是如何形成的呢？

生1：老师，会不会与我们的应试教育有关？

生2：我觉得可能还与生活经验有关。

师：是的，如果我们的教育方法不得当，确实会导致我们产生一些常见的心智枷锁。比如，我们学校里会让我们做选择题和填空题，这种选择题、填空题往往会有一个标准答案，老师要求我们从四五个答案中挑出一个正确答案，这种训练久而久之会培养一种思维定势，以为所有的问题都有一个正确答案，而且是唯一正确的答案。这种思维定势就是一种心智枷锁，它使我们总是想找到一个唯一正确的答案，而且一旦找到，就会以为问题解决了，不再继续寻找。实际上，很多问题可能并没有所谓的正确答案，答案是否正确，取决于你站在什么角度和什么立场。很多问题不止一个正确答案，可能还有另外一个、两个、更多个正确答案！激发创造力的秘诀之一就是努力寻找第二个正确答案！

生1：老师，您能不能举几个例子，说明同一个问题可以有两个或两个以上的正确答案呢？

师：好的，请看如图3-1所示的这道题，请你们从这五个图形中找出一个与众不同的图形。

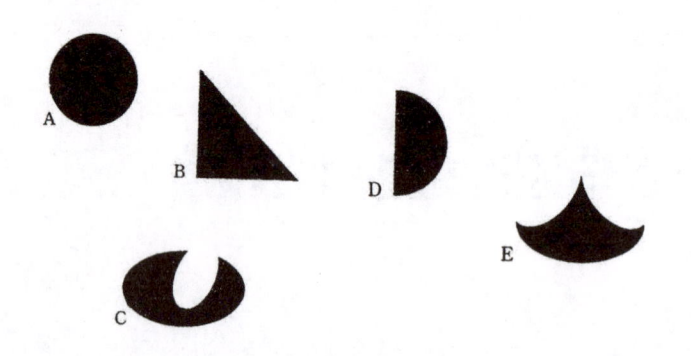

上面有五个图形，请挑出一个与众不同的

图 3-1　　（图片来自《当头棒唱——如何激发创造力》一书）

生1：老师，我觉得B是唯一的，因为它有三个角，而且所有的边都是直线。

生2：我觉得D也可以呀，因为只有它的边是由一条直线和一个半圆的弧线构成的。

生1：那C也可以的。

生2：老师，我觉得ABCDE五个答案都可以，因为每个图形都是独一无二的。

师：对，你们看，这个题目就没有唯一正确的答案，每个图形从不同的角度看都是唯一的。我再给大家讲一个故事，这是我从一本书上看到的。古代有一个波斯法官审案，来了两个到法庭打官司的人，一个是原告，一个是被告。原告先控诉被告借了他的钱不还，要求法官判决被告必须立即还钱，法官听了后说："你对！你对！"被告一听跳了起来，说："法官，你还没听我说呢！"于是他把自己为什么不还钱的理由陈述了一遍，还数落了原告很多不是。法官听了后又说："你对！你对！"这时法庭的书记员站了起来，对法官说："大人，他们两个不能都对呀，总得分出一个是非对错来呀！"法官又转向书记员说:"你对!你对!"

(众笑)

生1:老师,这个法官好像没有原则。

生2:我觉得他几面讨好,不负责任。

师:这个故事当然不是一个真实的案例,而是一个寓言。这个寓言想告诉我们什么呢?就是"真理无所不在,就看你站在什么角度",在不同的角度看同样一件事情,会得出不同的结论。这对我们理解创新思维很有好处。有创新思维的人会比较能够容忍某些模棱两可的情形,不会简单地认为所有的事情都非白即黑。心理学研究发现,人们往往有一种了结需要(need for closure),所谓了结需要,是指我们总希望尽快对某一个问题下结论,而不能忍受暂时的模糊和混沌状况。这种了结需要本身就是一种心智枷锁,它会阻断模糊思维,导致我们不再寻找新的信息,很快停止思考,过早地下结论。了结需要越高的人越倾向于只接受单一方向的信息,在理解信息的时候也更容易出现错误,不利于思维的突破与创新,因为灵感或顿悟往往要在"长期孜孜不倦地思索"中才能产生。

生1:老师,那日常经验是如何导致心智模式产生的呢?

师:我们看看这个案例。把蟋蟀放进一个玻璃杯里,蟋蟀很快就会蹦出来;但如果我们在玻璃杯上盖上一块玻璃片,蟋蟀每次蹦起来都会碰到玻璃片,反复多次之后,再把玻璃片拿开,蟋蟀却再也不蹦出玻璃杯了。这就是后天经验造成的影响。生理学上可以用条件反射来解释这一现象。我们生活中也会经常碰到这种现象,如果我们在某件事情上获得成功,下次再遇到类似的事情时,就会倾向于重复以前成功的方式;相反,如果我们在某件事情上遇到挫折,我们以后也可能会变得畏首畏尾,以为再难成功。这些都属于经验型心智枷锁。

生2:老师,除教育和经验会导致心智枷锁外,还有什么因素会导致心智枷锁呢?

师:心智模式可能还与我们每个人的大脑神经结构有关。我们每个人的大脑是由亿万个神经元互相连接而成的,没有一个人的大脑是相同的。有些人的神经元之间的联系可能比较固定,通路较少,可塑性小,不容易改变;而另一些人则相反。在生活中我们确实可以观察到,有些人思维的灵活性比较小、比较固执,脑筋不易转弯;而另一种人则思维特别活跃,跳跃性大、发散程度高,点子较多。这两种类型的人可能与大脑的神经类型有一定关系,但这方面

还没有比较明确的实验研究，属于推测的范畴。（展示如图3-2所示的图片）

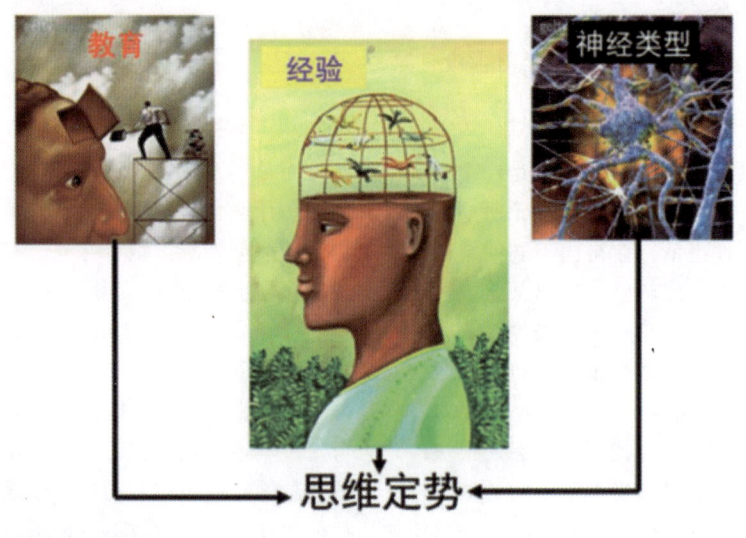

图 3-2　　（图片由网络图片集成）

生1：老师，怎样才能发现自己有哪些心智枷锁呀？

师：这确实不容易，心智枷锁往往比较隐蔽，我们自己未必能够及时察觉，这也就是我们难以摆脱它的原因。我们每个人都有自己的心智模式，都是戴着有色眼镜来看这个世界的。心智模式还有另一个特点，就是非常顽固，即使有时发现错了，也不会轻易改变，反而会找出各种理由和证据为自己辩护，这个现象叫心智模式的自我验证现象。因为人们从本能上乐意接收正面的反馈信息，对负面的反馈信息很不情愿见到。当负面反馈到来的时候，人们不是视而不见，就是有意做扭曲的解释，使之对自己有利。于是原有的信念被一次次自我强化。比如，我有一位朋友，前几年特别痴迷于宏观经济预测。有一年，他突然对我们这些身边的亲朋好友说，根据他的研究，他预测我国的经济很快会出现问题，他建议我们把人民币换成美元，以免到时候财产缩水。我问他，你判断这种情况什么时候会发生，他回答：就在这个月。我告诉他，我不会听他的。因为直觉告诉我，目前立即发生他所说的那种危险的可能性很小。在我看来，经济预测就像气象预测和地震预测一样，是很难被这么准确地判断的。因为它们都是一个很大的混沌体，影响因素太多了，有时一个很小因素的变化都有可能产生所谓的"蝴蝶效应"，导致原有发展趋势的改变。如果你只是预测一种大的趋势，我可能还有点相信；但你说得这么具体和肯定，我反而要怀疑了。因为世界并不是按照你的逻辑来发展变化的。过了几个月，他说的情况并没有发生，人民币反而升值了，而他兑换的美元却贬值了。我以为他会修正他的思维模式，没想到，他又向我们做出了新的预测，而且比上次的预测更具体、肯定，连几月几日国家会出台什么样的金融政策，几月几日股市会发生什么样的变化等都预测了，当然，现实还是没有给他满意的答案。这种情况发生过很多次。由此可见，一个人的心智模式是多么顽强。

生2：那我们怎样才能根据实际情况的变化，及时修正自己的心智模式呢？

师：这个问题我们下节再谈。

课后阅读　关于心智模式的补充资料

心智模式（mental model）是由苏格兰心理学家Kenneth Craik在1943年创造出来的。他认为心智模式是真实或想象的情景在心中的表征，人们常常通过构建关于外部世界的"小型模式"来解释、归因和预测事件。随后大多数认知科学家采用了他的思想，认为心智是一个象征性系统。

心智模式是指深植于我们心中关于我们自己、别人、组织及世界每个层面的假设、形象和故事。它不仅决定我们如何认识周边世界，而且影响我们如何采取行动。人的行为的差异就是不同的心智模式引导的结果。心智模式的形成受到来自遗传、经历、教育等方面因素的深刻影响，主要执行描述外界环境、解释周围现象、预测未来可能性、选择行动策略的功能。

如果我们看待某件事情的心智模式，刚好与这件事情的真实情况一致，那么它有助于我们的判断与行动；相反，如果不一致，则会变成**心智枷锁**，束缚我们的思想，妨碍我们的创新。

从图3-3中你看到了什么？

图 3-3　　（图片来自网络）

我相信大家都会说，是一个瓶子。但我们只是看到了瓶子左边的一小部分和瓶子前面的一个杯子，瓶子右边的大部分我们都没看见。为什么我们那么肯定它就是一个左右对称的瓶子呢？这就是心智模式在起作用。我们的判断也许是对的（甚至在多数情况下都是如此），但也许是错的，或许这是别人精心布置的一个假象？或者瓶子的右边并不是和左边一样的弧线，而是一条水平线甚至是一个缺口？

这个事例告诉我们，很多时候，我们看到的只是一点点，但我们补充了更多的东西。

我们再看看图3-4。

图 3-4　　（本图片来自网络）

这是一只老虎吗？如图3-5所示，一切都恍然大悟了。

图 3-5　　（本图片来自网络）

看出来了吗？一共有几个人？

不恰当的教育是产生心智模式的重要原因。传统的教育通过学校和老师，向学生们灌输了大量前人的知识、世界观、价值观和解决问题的思路等，并通过各种手段、策略、方法将这些东西深深印入学生的脑海，给学生带来了许许多多的正面和负面的影响。正面和负面影响的多少，取决于我们教育的思想和理念。从创新思维的角度来看，如果教育理念过分强调知识的传承、简单的灌输，会养成学生因循守旧、思维僵化的心智模式；如果教育理念突出创新意识的培养和创新思维的训练，则会塑造出学生求新求异、勇于创新的心智模式和人格特质。

请看著名的鸡兔同笼问题：今有鸡、兔若干，它们共有50个头和140只脚，问鸡、兔各有多少只？

一个小学生是这样解答的，假设这50只都是鸡，只该有100只脚。但题中有140只脚，说明其中还有兔。用140减去100所得的差40，每只兔有四只脚，每只鸡有两只脚，说明多出的这40只脚，应该是兔子的另两只脚，这样用40除以2就是兔的头数。于是结论是30只鸡，20只兔。

一个中学生是这样解答的：设鸡为x只，兔为y只，于是有方程式：

$x+y=50$

$2x+4y=140$

解方程组得：$x=30$，$y=20$。所以结论是30只鸡，20只兔。

从上述这个例子可以看出，中学生由于学过列方程解应用题，而且学校里还反反复复地让他们做大量同样的练习，进行所谓强化训练。所以一遇到这类题目，他们只会想到用列方程式的办法解决，而不会去想还有没有另外更简单的办法。这就是教育带来的思维定势。如果列方程不能解决这个问题，他们常常就一筹莫展。而小学生没有学过这样的知识，因而不会有同样的思维习惯，反而会寻求更独特、更有创意的方法去解决问题，比中学生更体现出思维的开阔性和灵活性。

有人曾列出妨碍创造性思维的十大心智枷锁，包括认为凡事只有一个正确答案、过分强调逻辑思维、不敢打破规则、过分要求实事求是、回避模棱两可的问题、害怕犯错、认为游玩是无意义的、不愿涉猎专业之外的领域、随大流害怕被人当作傻子及认为自己没有创造力等。一次我应邀到某中学讲创新思维，当我讲完这十个心智枷锁时，学生热烈鼓掌，校长脸色铁青。因为这些心智枷锁大部分都与学校的应试教育有关。

我国的基础教育过分强调数理的学习，认为可以培养逻辑思维，却忽视文化艺术的学习。语文变成了语法分析，音乐绘画课可有可无，殊不知文化艺术可以培养形象思维等非逻辑思维，而这种思维是创新思维更关键的组成部分。这一点还将在后面详细谈到。

> 课后练习 动动笔

一、单选题

1. 有人说"学校扼杀创造力",主要是指学校教育

   A. 强调统一化培养目标和标准化评价体系,压缩学生个性化发展空间
   B. 教学内容紧紧围绕教材与大纲,让学生的思维和眼界受限,容易产生权威型心智模式
   C. 题海战术和应试教育让学生失去好奇心和对学习的兴趣
   D. 以上都有

2. 关于了结需要的描述,哪一项是错误的?

   A. 了结需要越高的人越容易创新
   B. 了结需要是指:我们总希望尽快对某一问题下结论,而不能忍受暂时的模糊和混沌状况
   C. 了结需要是一种心智枷锁
   D. 了结需要让我们倾向于接受单方面信息

二、判断题(请在下面的句子后面的括号内打✔或打✘)

1. 心智模式很容易发生改变(   )

2. 有时候,实事求是也会成为一种心智枷锁(   )

3. 异想天开的人都是不靠谱的(   )

4. 知识与以往的成功经验也可能变成心智枷锁(   )

三、思考题

1. 请回答下面的问题

有八根火柴,拼成两个正方形,你能不能移动其中的两根火柴,变成一个正方形?

□ □

2. 请回答下面的问题

以下是用火柴拼成的一个错误的等式。请你移动1根火柴，让这个等式能够成立。（可以有两种解法）

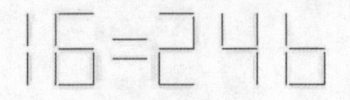

$$16=24b$$

第四讲
转变思考方向

（场景同前，但小桌上放了一个大大的托盘，托盘中有一个小土堆。旁边还有两个水杯。）

师：同学们好，上次我们讲到心智模式和心智枷锁，心智模式很隐蔽，往往不容易察觉，那我们要怎样才能改变心智模式，或者打开心智枷锁呢？

生1：老师，我看到今天多了一个托盘和道具，是不是与您今天要讲的这个问题有关呀？

师：是的。大家看看这个土堆，它的形状不太规整。现在如果老师在这个土堆上倒一杯水，你们能先告诉我水会向哪几个方向流吗？

生2：这很难猜哦。

师：（在土堆上小心地倒下第一杯水，水分成几个分支向盘中流下。）现在，如果我再在原来的地方倒第二杯水，你们能先告诉我水会向哪几个方向流吗？

生1：水很可能会沿着刚才形成的那几个轨迹流下去。

师：对！（老师在土堆上先慢后快倒水，水起初沿着原来的轨迹流，当速度加快后，又冲出了新的轨迹。）

生2：老师，刚开始的时候，水确实是沿着原来的轨迹流的；后来，速度加快了，就冲出了新轨迹。

师：对！你们观察得很仔细。这就像人的思维。我们出生的时候，大脑就像这个刚开始时的土堆，有各种可能性。以后随着生活经验的增多，慢慢地在大脑内部就形成了一道道固定的思维轨迹。遇到同类的问题时，我们首先会按照其中一条对应的思维轨迹去思考。只有在遇到外界强烈的冲击，或者我们有意识地做出努力时，才可能改变思考方向。

生1、生2： 是的。

师： 所以，要想突破思维定势，其中一个方法就是要有意识地转变思考方向。

生1： 老师，您能具体讲讲吗？什么是转变思考方向？

师： 我给你们讲几个案例吧。有一所名牌大学，它有很多个校门，其中西边的一个小校门面对着一个城中村，城中村里有很多小街小巷，各种脏乱差。城中村里的村民在学校西门外的小巷里开了很多小饮食店、小杂货店和小旅馆什么的，吸引学校里的年轻教师和学生出来消费。学校领导对这里的状况非常不满意，担心存在各类安全隐患，于是决定封闭这个校门。没想到校门刚刚封上，就被城中村的村民砸开了，原来校门封上后，村里的店铺没了生意，经营不下去，村民就不干了。学校领导想，封不封校门是我学校的事，你们无权干涉，领导对闻讯赶来的记者说：门，还是得封！城中村里的居民也不甘示弱，组织老头老太巡逻队，一旦发现学校再封门，就立即采取行动。白天封上，晚上又被砸开。后来学校党委书记到欧洲某名牌大学访问，发现那里的大学周边也有类似的小街小巷，但人家没有封门，而是把周边的小街小巷打造得很有情调和特色，成为学校周边的一个旅游景点。于是回来后转变思路，与城中村的村委会达成协议，对街面和店铺进行清理整顿，搞好治安与卫生，学校与村委会定期进行联合检查，矛盾得到圆满的化解。

生2： 老师，这叫什么思维方式？

师： 这叫逆向思维。原来是堵，后来是疏，方向正好相反。这样的例子还有很多。比如，大家知道，公园里的草地经常被抄近道的游客踩踏，有一家新公园开门的时候，先不铺石板路，等游客在草地上踩出痕迹后，才在那些游客经常走的地方铺上石板，这也是逆向思维。

生1： 除了逆向思维，还有什么改变思维方向的方法？

师： 我再给你们讲一个案例。据中央电视台报道，前些年有一个商人承包了千岛湖水域养鱼，但千岛湖里有一种鱼肉少刺多，不好卖。商人面临亏本。一个偶然的机会，他发现这种鱼跳得很高，渔民们拉网捕鱼的时候，网内一片白花花的鱼跳起来，很是壮观。他灵机一动，请来了剧团的舞蹈专家做指导，让渔民穿上统一的制服，一边唱歌、喊号子，一边用舞蹈样的动作拉网捕鱼，

第四讲 转变思考方向 | 35

吸引了很多人围观，如图4-1所示。后来他开发了一个用游船接载游客观看"拉网捕鱼"的观光项目，获得了巨大成功。

图 4-1　　（本图片来自网络）

生2：老师，这是一种什么思维方式？

师：我们可以把这种思维方式称为侧向思维。刚开始的时候，商人是希望卖湖里的鱼，但发现鱼不好卖，就转向经营拉网捕鱼的观光旅游，把思维方向转到了另一个侧面，不直接卖鱼，改捕鱼观光，获得了成功。这样的例子也有很多。你们都知道即时贴吧？就是那种可以随时粘在纸上、书上，又可以很容易地撕下来的便签纸。发明即时贴的人最初是为了发明一种粘力很强的胶水，结果他发明的胶水粘力不强。后来他把这种粘力不强的胶水用在便签纸上，就发明了即时贴。这也是一个侧向思维的例子。

生1：老师，有时会有这种情况。我们在想一个问题时老是找不到解决办法，一时也没有想到要转变思维方向，这个时候应该怎么办？

师：我们可以采取一些方法帮助我们转变思考方向。比如，边思考边画思维导图，思维导图是一种可以促进思维发散的思维工具。发散思维其实就是从一个核心主题开始向多个方向思考，这种图形会促使我们尽可能多地向不同方向思考。还有一个方法是头脑风暴法。就是找一批人进行集体的发散性思考，也可以帮助我们转变思考方向。

生2：老师，头脑风暴法具体是怎么做的？

师：头脑风暴的基本过程如下。

（1）确定议题。首先，必须在会前确定一个目标，使所有与会者都明确这次会议需要解决什么问题，同时对解决问题的方案不要有任何拘束和限制。

（2）会前准备。为了使头脑风暴畅谈会的效率较高，效果较好，可在会前做一点准备工作。如收集一些资料预先给大家参考，以便与会者了解与议题有关的背景材料和外界动态。就参与者而言，在开会之前，对于要解决的问题一定要有所了解。会场可作适当布置，座位排成圆环形的环境往往比教室式的环境更有利。此外，在头脑风暴会正式开始前还可以出一些创造力测验题供大家思考，以便活跃气氛，促进思维。

（3）确定人选。一般以8~12人为宜，与会者人数太少不利于交流信息、激发思维，而人数太多则不容易掌控，并且每个人发言的机会相对减少。最好考虑各方面的人选。

（4）明确分工。要推定一名主持人，1~2名记录员（秘书）。主持人的作用是在头脑风暴开始时重申讨论的议题和纪律，在会议进程中启发引导，掌握进程。记录员应将与会者的所有设想都及时编号，简要记录，最好写在黑板等醒目处，让与会者能够看清。记录员也应随时提出自己的设想。

（5）规定纪律。如要集中注意力积极投入，不消极旁观；不要私下议论，以免影响他人的思考；发言要针对目标，开门见山，不要客套，也不必做过多的解释；与会者之间相互尊重，平等相待，切忌相互褒贬，等等。

（6）掌握时间。一般来说，以几十分钟为宜。时间太短与会者难以畅所欲言；太长则容易产生疲劳感，影响会议效果。

生1：老师，头脑风暴时要注意些什么？

师：最需要注意的就是要让与会者自由思考，大胆发言，主持人和听众不能过早评判，比如说这个主意不行，那个方法不好，千万不要这么说，因为这有可能会把某些很好的创意吓回去。哪怕这个方法看上去非常荒谬、不靠谱，也不要批评。只求数量，先不要求质量，把所有的点子都记录下来，会议结束后再去做进一步的分类、筛选和完善。记录的方法可以是文字记录，也可用画思维导图的方法进行记录。

生2：老师，咱们中国人有一个毛病，就是不太爱在会议上发言，怕说错话，有什么好办法解决这个问题吗？

师：是的，而且在会上发言，我们有时会受到前面发言的影响，进行从众思维，思路打不开。这种情况下，我们可以对头脑风暴法做一些变化，例如，可以让每位参与者将自己的设想不直接说出来，而是写在小纸条上，然后粘贴在墙壁或黑板上，让其他参与者自由浏览，同时不断补充新的点子。这种头脑风暴法被称为"智慧墙"，据说这样发散出来的点子比会议式的头脑风暴要多。

生1：老师，您能不能给我们讲讲思维导图呀？

师：会讲的，在以后我会用专门的单元介绍思维导图，以及它的创新应用。今天先到这里吧。

> **课后阅读1** 比尔·盖茨的演说创意

2009年2月,互联网上流传着这样一则新闻,"盖茨发表抗疟疾演讲,当场放蚊子叮人吓煞名流",这是一个很好的创新思维案例。

新闻的内容是这样的:据英国《每日邮报》2009年2月5日报道,盖茨3日在美国加利福尼亚州长滩出席"技术、娱乐、设计会议"时,向在场技术界精英、政坛名流和好莱坞明星发表有关防治疟疾的演讲。盖茨谈到感染疟疾的"致命一叮"。"疟疾靠蚊子传播",他边说边打开一个装蚊罐,"我带来一些(蚊子)。下面我让它们在这里四处转转。没理由只有穷人才该感染疟疾。" 他把受惊的与会者晾了大约1分钟,才安慰他们说,这些蚊子不会传播疟疾。

图 4-2

图片说明:盖茨在会议现场释放蚊子(来源:中国日报网站)

可以想象当时听众的惊慌失措和一片愕然。美国亿贝公司创始人皮埃尔·奥米戴尔事后心有余悸地说:"就这一次,我以后再也不坐在前排了"。

盖茨此举是希望借助"放蚊"手段推动与会者进一步关注疟疾防治问题。"眼下用于研发防治疟疾药物的钱还不如用于研发防治秃顶药物的钱多",盖茨谈及抗疟资金缺乏时讽刺说,引得听众哄笑。他进一步"解释"说:"秃顶挺糟糕,富人也受它折磨。这就是治秃获得优先考虑的原因。"

在这个案例中，盖茨运用的是逆向思维手段。宣传抗疟，自然要呼吁消灭传播疟原虫的蚊子，可盖茨不按常理出牌，偏偏在现场大放蚊子，让很少感受到疟疾危害的各界精英在一场虚惊中"切身体会"疟疾的可怕，从而产生共同防治疟疾的意识，愿意捐出更多的钱用于研发防治疟疾的药物。

盖茨还巧妙地将抗疟与治秃进行比较，从而凸显其中的不合理之处。疟疾一般在贫穷落后、卫生条件不好的地区传播，富人感受不到，所以不大愿意投入资金；而秃顶对穷人和富人一视同仁，而且富人更关注个人的形象，自然愿意投入大量的资金。毫无疑问，疟疾可使人丧失劳动力甚至死亡，而秃顶至多让人看上去不美而已，孰轻孰重，自然是不言而喻。

从这个案例中我们还可以看到创新思维的重要性，一次"放蚊子"的宣传效果，可能胜于一百场长篇大论的宣讲。

课后阅读2　熊猫慢递

现代社会人们的生活节奏越来越快，满街都是上紧了发条的匆忙步履，大家一味向前赶，根本难以停下来思考，人人都恨不得把一分钟变成两分钟用，于是邮政快递应运而生，并且越来越红火。偏偏有人在这时开办了一种慢递服务，并以可爱的熊猫命名，还受到很多人追捧，这是为什么呢？其实这种业务名为'慢递'，但它的本义并不是'慢'，而是帮助人们在指定的时间投递愿望，通过时空的延伸寄托未来的希望。中国心理卫生协会会员孔令雪表示，"熊猫慢递邮局"很好地契合了都市人的心理需求。"人们寄信的动机可能不尽相同，有人为了祝福，有人为了宣泄。很多在生活中不便直接表达的情绪，通过拉长收信时间，可以有效缓解寄信人的尴尬和焦虑感，帮助减压。此外，如果将生命视为一趟旅程，那么每一天都值得享受。当你选择让亲友或自己等待一封未来将至的信，其实就是在有意识地放慢脚步，感受时间的传递与寄托。在798这样的时尚阵地，'熊猫慢递邮局'以一种浪漫的艺术化方式，更亲切地呼唤出每个人内心的'真我'。这个时候，建立信任是非常容易的，人与人之间的关系也因此变得单纯起来。"

课后阅读3　课堂上"找朋友"的故事

办公室的裁纸刀不见了，打印好的课表一时无法裁剪。为了节省纸张，我在一张A4纸上打印了两份课表。

让学生自己裁吧！

晚上散步的时候我忽然产生了一个念头，如果把让学生裁剪课表跟游戏结合起来呢？

我一直在找一个方法，让来自不同专业的一百多名学生很快熟悉起来，以便为随后开展的学习活动创造氛围。

于是我带了五十多张未裁剪的课表去上课。第一堂课快结束的时候，我对同学们说："让我们来做一个找朋友的游戏吧！"

"等一会你们部分同学会拿到一张课表，但这张课表实际是两份，上面还有另一位同学的名字。请你们在课间休息的时候找到你们的另一半，把课表分给他，并且互相用让对方印象深刻的方式介绍自己，下节课我要点名问问你们的另一半是谁哦！"

于是课间休息的时候出现了这样的场景：教室里站满了人，大家彼此在打听对方的姓名，有些人等不及了，干脆利用话筒呼唤自己的"另一半"，还有的人利用投影仪打出同学的名字，甚至有人发明了一个更好的办法，在黑板上写上"某某请联系某某，手机是××"的字样，其他同学只要更改名字和号码就行了。一时间热闹非凡。

接下来的课气氛更好了。看来教学与灵感关系还真密切呀！何况我这堂课就是谈创新的。

课后练习 动动笔

一、单选题

1. 关于转变思考方向的描述，下列哪项是错误的？

A. 转变思考方向是突破思维定势的重要方法之一
B. 转变思考方向包括逆向思维、侧向思维、多向思维等
C. 头脑风暴法和思维导图有助于转变思考方向
D. 转变思考方向对大多数人来说是容易做到的事情

2. 关于头脑风暴法的描述，哪一项是错误的？

A. 头脑风暴法以8~12人为宜
B. 头脑风暴的时间不宜太长
C. 如果有人的想法非常荒谬应该及时指出
D. 头脑风暴的结果应该及时整理

二、判断题（请在下面的句子后面的括号内打✔或打✘）

1. 智慧墙有助于打破从众思维（   ）

2. 有时危机反而有利于突破思维定势（   ）

3. 头脑风暴时不仅要追求点子的数量还要追求点子的质量（   ）

4. 头脑风暴时不应邀请非专业人士参加（   ）

三、思考题

1. 请思考下面的问题，并说明你的思维方法。

从前有个农夫，死后留下了一些牛，他在遗书中写道：妻子得全部牛的半数加半头；长子得剩下的牛的半数加半头，正好是妻子所得的一半；次子得剩下的牛的半数加半头，正好是长子所得的一半；长女得最后剩下的牛的半数加半头，正好等于次子所得牛的一半。结果一头牛也没杀，也没剩下，问农夫总共留下多少头牛？

2. 请思考下面的问题，并说明你的思考方法。

一个老人留下遗言，将他的17头骆驼分给三个儿子，大儿子分1/2，二儿子分1/3，三儿子分1/9，骆驼一头也不许宰杀。问每个儿子各分几头？

第五讲
软性思维

（场景同第一讲）

师：同学们好，今天老师要给你们介绍打破思维定势的第二个方法，就是软性思维。

生1：老师，什么是软性思维？

师：这样吧，我们做一个游戏。（拿出一本书和一个特仑苏牛奶盒，如图5-1所示）你们觉得这两样东西有没有什么关系？

生2：这两种东西能有什么关系呀？一个是老师您的著作，一个是牛奶盒？

师：你不觉得它们有很多相似之处吗？

生1：相似之处？老师，我觉得这两样东西的颜色很相近，都是白、蓝、黄三色，白色是底色，主标题是蓝色字，副标题是黄色字。这一点很相像。

师：嗯，不错，观察得很仔细！还有呢？

生1：还有……没有了呀。

师：再想想！

生2：老师，我觉得它们都是纸质的，都可以拿来烧。

师：对，不错！还有呢？

生1：它们都有营养，一个能喝，一个是精神食粮。

师：很好，继续！

生2：都是生产出来的，牛奶是奶牛生产的，书是老师您生产的。

（众笑）

师：还有呢？

生1：都可以在商店里或者网上买到，都很贵！

生2：好东西当然是贵的。

师：你们知道自己刚才用的是什么思维方法吗？

生1：我知道了，软性思维。

师：是的，与软性思维相对的是硬思维。硬思维是一种逻辑思维、线性思维，它讲究逻辑、理性、环环相扣、因果相连；而软性思维则是一种非逻辑思维，它借助形象、类比、隐喻、联想、直觉、灵感而展开，往往是不连续的、跳跃的、发散的，含糊不清、模棱两可而又疏忽不定的，带有某种神秘色彩；它探讨的不是事物之间的表面联系，而是内在关联，这种关联是无法简单地用逻辑来说明的，理解这种关联需要"悟"，需要洞察力。

生2：老师，这种思维有什么作用吗？

师：有呀，比如你们刚才想到了很多关于这本书和牛奶盒之间的相似点，你们可以用这些相似点创作一首诗歌吗？

生1：创作诗歌？不可能吧？没想过。

师：好的，我给你们看看我创作的诗歌。有一次上课，我的一位学生桌子上正好摆着这本书和特仑苏牛奶，学生发现了这两个东西外包装上的相似处，就告诉了我。我继续沿着这个思路往下想，寻找它们之间更多的相似处，就像我们刚才做的那样，结果，很快就有了诗歌的灵感，创作出一首诗来。（展示并朗读诗歌）

图 5-1　（程小柳制作）

特仑苏牛奶和我的书

在海拔数千米的高原

生长着一群优质奶牛

沐浴着充沛的阳光

悠闲地吃着天然牧草

它们挤出的牛奶

口味香甜、营养丰富

特仑苏的蒙语意思

就是金牌牛奶

在遥远的海边都市

有一个奶牛般沉静的诗人

他把网络当作牧场

吸取着丰富的营养

他将信息与知识的碎片

重构出新的体系

就像奶牛吃的是草

挤出来的是特仑苏牛奶

如果你通过网络和商店

买到这两样东西

一边翻开《碎片与重构》

一边喝着特仑苏牛奶

一个来自高原的奶牛

一个来自海边的诗人

你从这两样东西中汲取养分

就会变成一个"牛人"

生2：哇，老师好"牛"呀！

师：不是我牛，而是软性思维牛！你看这首诗不就是来自这两样东西相似点的比较吗？你们只要善用软性思维，也会变得很牛。

生1：真的吗？没想到软性思维还有这样大的作用。

生2：老师，怎样才能进行软性思维呀？是不是就是找相似点呀？

师：当然不是！在两件看上去风马牛不相及的事物之间找到共同点或相似点，只是软性思维的一种形式。黑格尔有句名言："你能找到一匹骆驼与一支笔的不同，我不会说你有什么了不起的聪明，因为它们两者的不同太多了；你能找到一棵槐树和一棵橡树的共同点，我也不会说你有什么了不起的聪明，因为槐树和橡树的共同点太多了。而聪明人往往能找到骆驼和笔的共同点，橡树和槐树的不同点。"除了找相似点之外，软性思维还有很多方法。比如，遇到一个问题需要解决时，我们可以先用"假如"来思考。

生1：用"假如"来思考？

师：我再给你们讲一个故事吧。加拿大北部山区气候寒冷，那儿的电话线路常被大雪压断，修复也非常困难。当大雪封山时，人们更是无法及时清除电话线上的积雪。有一天，一位电话检修工人对同事感叹道："看来，只有请上帝用大扫帚来扫雪了"。这话听起来荒诞不经、无法实现。不料，却触动了旁边一位工作人员。他想："上帝来扫雪，那不就是在天上扫吗？假如让人坐在飞机上，推着一个大扫把沿着电话线扫雪呢？"很显然，这个办法非常危险，也不可行。但他没有放弃，继续沿着这条思路思考下去，最后想到如果让直升机在电话线上飞来飞去，是不是可以成功地扫除积雪呢？他立刻把自己的创意报告了电信公司，电信公司同意了他的想法，于是请来直升机，没想到利用直升机螺旋桨产生的强大气流，果真轻松地清除了电话线上的积雪。

生2：真奇妙！

师：大家也许还记得2008年我国南方的大雪灾吧。当时有数百座高压电塔被冰柱压垮，导致南方几个省市大面积停电，交通运输全面瘫痪，上百万等待回家过年的旅客滞留在广州火车站广场，形势非常严峻。事情的起因是因为五十年一遇的大雪让高压电线、铁塔上结了无数的冰凌，过重的负荷令铁塔不堪重负，钢铁的骨架被扭曲成麻花状。那一年雪灾造成的损失非常巨大。

生1：那年我们还在读中学，我听大人们说起过。

师：有一次，我与一位电力工程师探讨能否像加拿大一样，用飞机扫雪避免国内那样的大雪灾造成高压电线塔倒塌的可能性，那位电力工程师告诉我，南方的雪与北方的雪不同，北方的雪如粉如沙，容易被风吹下来；南方的雪很快就结成冰凌了，不一定能吹下来。我又问可不可以把铁塔建粗一些，她摇摇头说用处不大，因为当年的铁塔是按照承重5吨来设计的，而那年冰柱的重量达到50吨，甚至500吨，那得建多粗的铁塔呀。

生1、生2：哦，那么重呀！

师：后来，我在课堂上发动同学们进行创意思考，结果大家提出了很多解决这个问题的新奇点子。例如，有同学提出可以想办法让电线在寒冷的天气里自动加温，融化积雪；有人认为应该发明一种不沾水的材料，让雪在电线上"站"不住；还有人主张发明一种不用电线传输电流的方法；还有人建议发明一种弹性电线，当电线上负荷太重的时候可以垂到地面来，避免铁塔倒下。更绝的是有人想起三国演义中曹操浇水筑冰城的方法，提出在高压电线铁塔周身浇水，让铁塔整个变成一座冰塔，使之不会被压弯；还有人提议安装一种可以自动断裂的电线，当负荷超过最大限额时就自动断开，避免拉弯铁塔，因为事后安装电线比重建铁塔要容易得多。这些方法不一定都可行，但却为我们最终找到有创意的解决办法提供了思路。这就是软性思考的力量。软性思维依靠的是天马行空式的想象、大胆假设、夸张的类比，等等，而不是严格的推理和实事求是的原则。也许不能立即产生可实际操作的点子，但有可能把我们的思考引导到一个全新的方向上去，最终出现思维突破。

生1：老师，我们以前听说逻辑思维很重要，您现在又说非逻辑思维也就是软性思维也很重要，到底哪个更重要一些呀？

师：这么说吧，在处理常规问题，也就是有现成答案的问题时，逻辑思维非常重要。但在遇到非常规问题、需要运用新创意才能解决时，非逻辑思维，也就是软性思维往往更重要。软性思维概念的发明人罗杰认为，任何发明创造的关键都是寻求新的创意。而在发展新创意时，主要有两大阶段：首先是萌芽阶段，其次是实用阶段。在萌芽阶段，新创意出现，而且遭受严密试验；到了实用阶段，新创意开始接受评价及采用。在寻求新创意的萌芽阶段，软性思考非常有效；而在实用阶段则必须依靠逻辑思维。尽管逻辑思维在思维的大多数时间内都存在并发挥重要作用，但在创意萌发的最关键环节上却是"缺席"的。这种"缺席"还非常重要，正是因为逻辑思维的偶尔缺席，才给了软性思维以用武之地，才可能出现思维的突破。否则，思维突破可能无从发生。创造力强的人和创造力不足的人的区别就在于，是不是经常主动地、有意识地采用软性思维。

生2：老师，当我们遇到一个新问题时，我们怎么才知道它是能够用常规方法解决，还是需要用创新方法来解决呀？

师：当遇到一个有待解决的问题时，人们一般会先采用逻辑思维对问题进行一番分析，并从以往的经验中寻找解决的办法。如果从逻辑分析和经验中发现适当的解决办法，对这个问题的思考一般就结束了。如果逻辑思维和经验没有找到合适的解决办法，就会出现思维中断，这时就需要依靠非逻辑的软性思维了。软性思维有可能导致思维的突破，产生灵感和"顿悟"，发现新创意。这种新创意有时可能是一个方案的雏形，有时可能仅仅是一次思维的"变轨"，常常伴随一声"啊哈"的叫声，也就是顿悟。紧接着，逻辑思维马上开始对新创意进行推理、分析、评价和完善，并指导试验和实施。

生1：明白了，老师，突破思维定势的第三个方法是什么？

师：这个问题且听下回分解。

课后阅读1　思维的舞蹈

康乐园教育书院是我和我的研究生共同创建的，以教育技术为主题的教学博客圈，是一个类似于古代书院的虚拟学习社区。书院创始阶段，我给学生布置过一个作业，要求他们"用一段文字、符号或绘画来描述你心目中教育书院的未来景象，然后设计一句广告词，要求让人印象深刻，过目不忘"，时间是一周。

然而一周就要过去了，仍然不见有一个人提交，问他们，说是"一直在想，但不知道如何做"，最后我不得不下"最后通牒"，要求他们务必在周二前提交。他们果然认真做了，提出了不少好主意，但大多是用文字表述，采用的思维方式都是逻辑思维。youngee还特别强调"我觉得我这个方案是完全可行的，并且执行起来也不会困难，因为它基于的就是实际情况，是事实。"

实事求是的确是一个优良品质，在科学研究过程中更是如此。然而从创新思维的角度看，却恰恰是一个心智枷锁。学生们之所以觉得我布置的这个作业很难，就是被这类枷锁束缚住了。他们的建议的确具有现实性和一定的可行性，然而缺少想象，缺少惊喜。

只有allen的"舞动思维"的标题与图片，斐琳的"珍珠屋"比喻及"侧脸"这个词，引起了我较多的共鸣。前者直接导致了我的一首诗的诞生，这首诗是用"思维"和"舞蹈"作为关键词，如图5-2所示，通过思维导图的发散做出来的，题目就叫"思维的舞蹈"。

邓肯在大脑柔软的地毯上

舞蹈。她跳跃，她旋转

身体被锁链缠绕

赤裸的双足，每一次落下

就灵光一闪，沿着纤维的网络

发散，转瞬又陷入黑暗

舞台的追光，搜寻

她的身影

仿佛若隐若现的

时光隧道

律动的身体

跟随内心音乐起舞

使僵硬的思想也变得柔软

激情在四肢燃烧

突然，一声巨响

锁链轰然落地

灯光大开，她纵身一跃

一切都豁然开朗

图 5-2　（图片来自网络）

伊莎朵拉·邓肯（Isadora Duncan 1877—1927）是美国著名的女舞蹈家、现代舞的先驱。她毕生从事舞蹈改革与创新，她的实践和理论对当时和后来的舞蹈艺术发展都有很大影响。在20世纪初的欧美舞台上，一个身披薄如蝉翼的舞衣、赤脚跳舞的舞蹈家引起了极大的轰动。她的舞蹈是革命性的，与一直统治着西方舞坛的芭蕾舞大相径庭，充满了新鲜的创意。

　　创作这首诗歌的时候，我的脑海里出现了两幅叠加在一起的场景：一幅是大脑半球，它的表层部分是大脑皮质，我把它想象成一个巨大而柔软的舞台，舞台的地毯下是大量的神经元和联系纤维构成的网络，神经放电（冲动）通过这个网络迅速扩布到全脑；另一幅图画是邓肯在赤脚跳舞，舞台的追光在跟随着她，内心的激情通过她肢体的动作充分表现出来。当邓肯在大脑皮层上跳舞的时候，灵感就产生了。

　　这首诗是想通过这样一幅叠加的画面，阐述灵感产生的过程。其中，"**使僵硬的思想也变得柔软**"就是思维创新的秘诀之一。

课后阅读2　灵感

灵感

在大脑的深处

意识的底层

黑漆漆的囚室里

囚禁着一个女人

她浑圆、自然、肉感

周身起伏着

妙不可言的弧线

和颤动的温柔

她在这幽暗的洞穴中

囚禁已久

铁门外站着

逻辑和理性

两位哨兵

但总有某个时辰

当哨兵稍有松懈

一束神奇的日光

会突然照进囚室

于是，惊人的美诞生了

幸运女神向你展现

她洁白的身躯

哪怕只是短短的一瞬

哪怕只是朦胧的轮廓

都让你血脉贲张

那肌肤的闪光

深沟的阴影

乳房的红点

无不令你思绪纷飞

在波涛汹涌的海上

与你心爱的人儿

尽情狂欢吧

伴着大海潮汐的呻吟

不要停歇、不要犹疑

任激情冲浪

直到一个新生的婴儿

呱呱落地

直到全世界都听到

他不同凡响的啼哭

亲爱的朋友

如果你也遇到这

千载难逢的机遇

如果你也看到

火光一闪

千万不要错过

因为幸运女神啊

只喜欢委身于天才

和信马由缰的思想

这首诗是我对灵感产生过程的一种形象化描述，它既表达了只有当逻辑和理性放松对潜意识管制的时候，灵感的火花才容易迸发的思想；也形象地再现了灵感出现的瞬间所伴随的高峰体验。有关创新思维的高峰体验，我将在后面的章节中谈到。

根据弗洛伊德的研究，人的意识分为意识和潜意识，潜意识中包含有很多灵感和非逻辑的思想，通常情况下，潜意识是被意识压制着的，很难表现出来或发挥作用。只有在某种特殊的状况下，例如催眠状态，潜意识才有可能突破意识的控制而被我们所知。人们常说的右脑思维跟软性思维和潜意识思维有相似之处。

课后阅读3　留心头脑中的影像

我闭上眼睛,以求能够看见。

——保罗·高更

闭上眼睛能看到什么?能看到头脑中的影像。很多天才人物在做出创造性工作的开始阶段,并不是依靠逻辑思维,而是依靠形象思维。对爱因斯坦而言,相对论一开始是一幅影像。"他思考着,如果他骑着一束光,会是何种情景。"莫扎特说得更神奇:"我的主旋律……在我的脑中几乎是一气呵成,我可以一览无遗地加以检视,犹如一幅精致的画作,或是一尊美丽的雕像。"

所以爱因斯坦说:"想象力比知识更重要,因为知识是有限的,而想象力概括世界的一切,并且是知识进化的源泉,严格地说,想象力是科学研究中的实在因素。"

当你看到一个草地时,你会想象些什么?美国伟大的民主诗人惠特曼想到了这些:

一个孩子说"这草是什么?"两手满满捧着它递给我看;

我哪能回答孩子呢?我和他一样,并不知道。

我猜想它定是我性格的旗帜,是充满希望的绿色物质织成的。

我猜它或者是上帝的手帕,是有意抛下的一件带有香味的礼物和纪念品,四角附有物主的名字,是为了让我们看见又注意到,并且说,"是谁的?"

我猜想这草本身就是个孩子,是植物界生下的婴儿。

我猜它或者是一种统一的象形文字,

……

它现在又似乎是墓地里未曾修剪过的秀发。

从草地联想到"旗帜""手帕""婴儿""象形文字""秀发",这是多么神奇!我以为迄今为止我读到过的对草地的描述文字中,这是最美最神秘的一段。这幅图画一定是事先存在于惠特曼头脑里的。

课后阅读4　荒谬怪诞获得突破

大家都知道透视原理，都知道我们在看到人的正面的同时，不可能同时看到人的侧面。绘画上也很讲究透视学。但毕加索就不理这一套，偏偏要把人的侧脸和正脸画在同一个平面上，如图5-3所示，还偏偏有那么多人为这样荒谬怪诞的画作叫好，视为绘画艺术的突破，你说怪不怪？

荒谬怪诞
获得突破

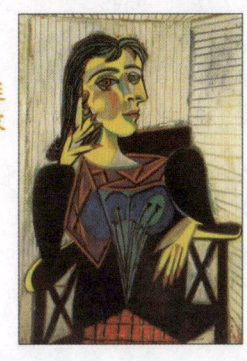

毕加索：
Dora
Maar
的肖像
1937

图 5-3　（图片来自网络）

你也许会说这些都是搞艺术的人弄的玩意儿，科学可不允许这样！那我再给你举几个例子。爱迪生应该算是一个科学家吧？可他从小就有许多荒谬怪诞的想法，5岁那年，他看到母鸡孵蛋，就自己怀里抱了几只鸡蛋，躲到一个僻静角落孵起小鸡来；10岁时，看见小鸟在天空中自由飞翔，就想到用柠檬酸加苏打制成的"沸腾散"可以产生大量的二氧化碳，说不定可以让人像鸟儿一样飞起来。于是就找人来做试验，让人喝了大量的"沸腾散"，看看能不能飞起来——这够不够荒诞？你能说爱迪生后来的上千项科技发明，与他从小就有的荒诞想法没有必然的联系吗？

有一次，秘鲁海军的一艘鱼雷潜艇发生故障，沉入了33米深的海底，潜艇里的幸存者想了种种办法，都无法从这艘严重受损的潜艇中逃离，这时，鱼雷发射手突发奇想，"我们能不能把人'发射'到海面上去呢？"一句话提醒了代理艇长，他做出了一个大胆的决定："大家在出艇之前，尽量呼出肺里的空气，并且憋气30秒。我估计，在这个时间内，从33米的海底到达水面是足够用的了。"结果，水兵们忍受着压力巨变带来的痛苦，一个个被鱼雷发射器弹出了水面，除一人因脑出血死亡外，其他人都奇迹般生还。

课后阅读5 容忍模棱两可

我发现生活中有两类人,一类人特别不喜欢模糊,凡事都要弄个明白,而且认为只有一个答案是对的。另一类人则相对包容,可以容忍模棱两可,甚至认为这是一种正常现象。前者相信世界是有序的,一切事物都是按照规律运行的,是可以预测的,不承认偶然性;后者认为世界是一个混沌体,在很大程度上是随机的、无序的、难以预测的。尽管不排除混沌之中也包含着某种内在规律,但人类很难完全认识或把握它,承认偶然性。前者喜欢模式、模型、框架、程序、数据等确凿无疑的东西,后者则喜欢直觉、想象、比喻、联想、夸张、对比等变化不定的事物。前者强调共性,后者强调个性。

某国某地发生了一起交通事故,一辆小轿车突然失控,从高速公路上冲出路边护栏,掉到山谷里去了。警察到来时向附近的目击者了解情况。一名目击者说看到一辆黑色轿车掉了下去,而另一位目击者则说他看到的是一辆白色轿车掉进了山谷。这是怎么回事呢?连警察也迷惑了。直到后来他们在山谷的丛林中找到那辆严重损坏的车时,谜底才被解开。原来那是一辆一边漆是白色,一边漆是黑色的轿车。看到白色轿车的目击者当时在路的左边,而看到黑色轿车的目击者当时在路的右边。

这个故事告诉我们:有时候,并非只有一个正确答案,有可能两个看似相反的答案都是正确的。还告诉我们另一个道理:真理无所不在,关键看你站在哪一个角度。

如图5-4所示,你看到了什么?

图 5-4　　　(图片来自网络)

你肯定会告诉我，你看到了一个老妇人。但你把这张画倒过来看看，你看到了什么？——少女，对吗？

模棱两可，有时可以激发创意。有位设计师给他的学生们布置了一个任务，让他们在一张白纸上先画出人体的各种姿态，然后再要求他们设计一种物品支撑人体的各种姿态，材料可以是塑料、金属和木头等。你知道他是让学生们干什么吗？原来他是让学生们设计各种家具。如果他直接告诉学生们要设计床和桌椅，那么学生们就会从已有的家具中寻找样式，创意就不容易产生了。

动动笔

一、单选题

1. 软性思考不包括

   A. 逻辑思维
   B. 形象思维
   C. 联想
   D. 直觉

2. 创意的萌芽阶段需要

   A. 严密的分析与推理
   B. 大量的知识储备
   C. 周密的计划与实施
   D. 信马由缰式的发散思维

二、判断题（请在下面的句子后面的括号内打✔或打✘）

1. 在创意的形成过程中，逻辑思维毫无用处（ ）

2. 创新思维有时需要容忍一定程度上的模糊和模棱两可（ ）

3. 任何事物之间都有相似处与不同处，只要你懂得运用软性思维（ ）

4. 软性思维的结果不能直接成为解决问题的方法，但可以成为产生创意的基础（ ）

三、思考题

1. 请根据下面这个故事，续写故事的后半段，要求大胆运用想象力，写出与众不同的故事。

"一富人垂涎某少女的美貌，想将她占为己有。恰好这时少女的父亲因为生意上的事情借了富人的高利贷，无力偿还，富人晚上上门逼债。少女代父亲向富人求情，请求宽限一些日子。这时他们三人正走在一条由黑白两种石子铺成的小道上。富人从地上抓起两颗石子，放进一个布袋里，说：这样吧，这个袋子里有黑白两颗石子。你从这个袋子里摸一颗石子，如果你摸到的是白色的石子，我和你父亲之间的所有债务就一笔勾销；如果摸到的是黑色的石子，那么你就得跟我走，为你父亲抵债。如何？少女沉思了一下，就答应了。你知道少女是怎样让自己和父亲都逃过这一劫的吗？"

2. 请对"清明时节雨纷纷，路上行人欲断魂。借问酒家何处有，牧童遥指杏花村。"这首古诗进行多种形式的改写。

第六讲
强制联想

（场景同前）

师：前面我们已经介绍了突破思维定势的两种方法，你们还记得是哪两种吗？

生1：转变思考方向。

生2：进行软性思考。

师：对！今天老师要向你们介绍第三种突破思维定势的方法，就是强制联想。

生1：什么是强制联想？

师：我先问你们一个问题。如果一辆汽车在烂泥里轮胎打滑，想了很多办法也开不出来，而且越陷越深，这时候该怎么办？

生2：很简单，找另一辆车，用一根绳子把那辆陷在烂泥里的汽车拉出来。

师：是的。如果我们的思维也像那辆陷在烂泥里的汽车，陷在思维定势里，在原地空转，出不来，这时我们就需要通过外力把它拉出来了。

生1：那这个外力是什么呢？

师：我们可以找一个看上去不相干的事物，然后强行将它与你正在想的这个事物联系起来，就有可能激发出新创意。这就好比在一个事物之外，找到另一个着力点，这样就可以使思维跳出原来的定势思维。

生2：老师，您能不能举几个例子？

师：可以的。2008年中秋节，我在家看电视。电视里正在播放中秋的诗歌朗诵会。我忽然想到，我也应该为中秋节作一首诗呀。但一时好像没什么灵感，于是我想用思维导图和强制联想法来试试。

生1：哦，要用到思维导图。

师：是的，简单地说，思维导图就是一个围绕某个核心主题进行放射状思考的图形。当时我拿出一张白纸，在中间对折，在两边分别写上"中秋"与"诗"两个中心词，然后围绕这两个词自由联想，随时记下跳入脑海中的任何词，一口气分别写出了十个以上的词，如图6-1所示。

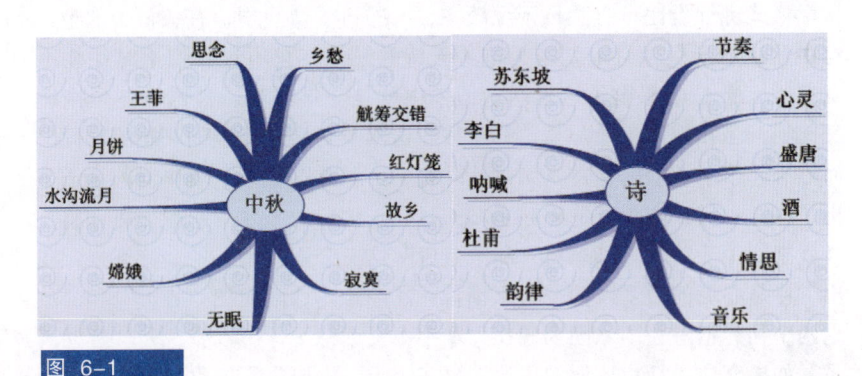

图 6-1

中秋

中秋是一年的诗

被四季红尘掩埋

当王菲唱起东坡的月亮

忙碌的人才一齐把盛唐仰望

诗是心灵的故乡

如今大家都背井离乡

李杜在城里推销月饼

诗韵被压在寂寞的箱底

只有这一夜故乡随嫦娥归来

思念就浓得像酒醉的灯笼

情思如水沟流月彻夜无眠

把乡愁谱成觥筹交错的音乐

这些词都是我当时随意想到的,跟我的生活息息相关。比如我很喜欢王菲唱的《明月几时有》,比如我记起了一句古词"水沟流月去无声",还有李白的"举头望明月,低头思故乡",比如我认为诗歌有时是战斗的"呐喊",盛唐是诗歌的黄金时代,等等。然后我就紧盯着这些词看,在左边任选一个词与右边的任一个词进行搭配,看能否把它们组成一个句子。比如,我先对"中秋"和"诗"这两个词进行强制联想。我想到如果我们把一年365天用不同的文学形式进行类比,有些日子像散文、有些日子像戏剧、有些日子像小说,只有中秋这一天最像诗歌,因为这一天诗意最浓,只不过我们平时往往不太在意罢了。于是就想出了这样两句:"中秋是一年的诗,被四季红尘掩埋"。又比如,当我把"王菲"与"苏东坡"这两个名字进行强制联想的时候,自然而然想起了王菲唱的那首《明月几时有》,这首歌是苏东坡作词的,于是就写出了这样一句:"当王菲唱起东坡的月亮,忙碌的人才一起把盛唐仰望",这样就把"王菲"、"苏东坡"和"盛唐"这三个词都用上了。接下来,我又写出"诗是心灵的故乡,如今大家都背井离乡",这两句把"心灵"和"故乡"这两个词囊括进去了。因为现在大家都不爱读诗了,所以我说是"背井离乡"了。如果李白、杜甫这样的大诗人生在今天,大概也不能靠写诗谋生,而只能到街上去卖月饼了,于是又写出两句"李杜在城里推销月饼,诗韵被压在寂寞的箱底",这两句把"李白""杜甫""月饼""寂寞"这几个词都用上了,"诗韵"则是由"韵律"变化而来的。

生2: 太有意思了。

师: 接下来,我又想怎样才能把"嫦娥"这个词写进去呢,于是来了这么一句"只有这一夜故乡随嫦娥归来",因为在古代我们常常用嫦娥代指月亮,中秋之夜我们抬头望着月亮,就会想到故乡和远方的亲人。"思念"、"酒"和"红灯笼"怎么联想呢?红灯笼让我想起一个人喝醉酒时的红脸,于是写出了这么一句,"思念就浓得像酒醉的灯笼"。"情思"与"水沟流月"我写成"情思如水沟流月彻夜无眠",把"无眠"也顺带了进来。意思是我们的一腔情思呀,就像水沟里月亮的倒影一样,摇摆不定、彻夜无眠。最后,只剩下"乡愁"、"觥筹交错"和"音乐"等几个词了,我用"把乡愁谱成觥筹交错的音乐",觥筹交错本来就是描述一群人喝酒时的情景,碰杯的声音不就像音乐一样动听吗?很快,一首中秋诗就这样出现在纸上了。除了一个词"呐喊"

没用上之外，其他的词都用上了。

生1：啊，老师，太棒了！

（生1、生2鼓掌）

生2：老师，您本来就是一个诗人，如果其他人用这种方法，能不能写出诗来呢？

师：能！我后来在创新思维课上多次采用这种方法，让学生们用强制联想的方法作诗，比如将"爱情"与"名片"或者"草地"进行强制联想，甚至用"爱情"和"月饼"进行强制联想，大部分学生都能做出很不错的诗来，有同学在课后的留言中这样写道"我们在王老师的课堂上变成了诗人！"

生1：老师，除用词语之外，还能不能用其他东西进行强制联想呀？比如用图形图像？

师：当然可以。比如老师曾经用前面发散出的那些词，通过百度搜索相关的图片，然后将这些图片进行强制联想，结果写出了一篇极具"穿越感"的小故事，这种方法类似于小学生的看图说话，也很容易激发灵感。因为时间关系，这里就无法展示了，课后老师可以给你们看看。老师还用这种方法创作过一部短剧的剧本。

生2：老师，除进行诗歌、剧本这类文学创作之外，强制联想还能不能有其他实际用途呀？比如发明创造什么的。

师：当然可以！比如，你想发明一种新鞋子，你用"鞋子"与"光"进行强制联想，你就可以想到发明一种能发光的鞋，如果将"鞋子"与"声音"进行强制联想，你就可以想到发明一种能发声的鞋。对不对？现在市场上已经有这样的鞋了，你们见过小孩子穿着能发光、发声的鞋在夜里走路吗？一方面可以让小孩子很喜欢，另一方面还可以提醒行人注意，不要碰到了小孩子，是不是？

生1：老师，这真是太神奇了！

师：其实，从创新思维的心理机制来说，心理学家的研究认为，创新思维很多时候就是二元联想，就是将两件或者多件看上去风马牛不相及的事物或元素想方设法加在一起，结合在一起。你们还记得西游记里的人物吗？孙悟空就是人与猴子的结合，猪八戒是人与猪的结合，白龙马是人与马的结合，对不对？大家还记得第一次讲课时我给大家看过的一些发明创造的例子吗？比如楼梯和抽屉的结合，皮带和卷尺的结合，等等。

第六讲 强制联想 | 65

生2：记得，看来都是二元联想的结果。

生1：老师，运用强制联想法要注意些什么呀？

师：首先，联想的两个事物不能过于接近，比如用皮鞋与拖鞋进行联想，可能意思不大。心理学研究发现，只有远距离联想才容易激发创意，两件事物离得越远，越风马牛不相及，可能越容易让我们突破常规思维，越容易产生新颖性。其次，联想时可以先对事物的性质和组成进行拆分，分得越细越好。比如，我们要设计一款具有学习功能的新手机，我们可以先对手机的性质和组成进行分类，再对学习进行分类，然后再逐一进行强制联想，这样容易想到更多的点子。

生1、生2：谢谢老师！

师：不客气，我们下次再见。

课后阅读1 一组用强制联想创作的爱情诗

中大草坪

（草坪+爱情的联想）

每当夜色降临

我从怀士堂前

骑车匆匆而过

都要看你一眼

哦，中大草坪

你的美总让我

怦然心动如同

见到初恋情人

如同当年那样

你压低了帽檐

遮住半张俏脸

让美若隐若现

黄昏中的草坪

像当年帽檐下

那半遮的俏脸

美得让我心痛

心温柔地疼痛

一如校园夜色

那么深邃静谧

连我也说不清

第六讲　强制联想　67

那一刻我寻觅

夜色中的灯火

就像当年寻觅

帽檐下的眼睛

哦，中大草坪

让我想起恋人

心痛得好甜蜜

每当夜色降临

爱情故事

（爱情+手机的联想）

那一年我们正青春

曾许诺要像鸳鸯

形影不离

一起去爱琴海看夕阳

在落日的见证下

举行两个人的

裸体婚礼

如今我在人潮涌涌的

街头忽然想起了你

可怎么也找不到

曾经熟悉的号码

它已遗失在记忆

大海的最深处

再也无法捞起

我还保留你送我的

那双酷酷的球鞋

两只鞋的绣花各异

你说这代表两个

不同的人儿

他们要紧紧跟随

永不分离

我穿上这爱情的信物

走向那金黄色大海

穿过一大片

油菜花地

去寻找一棵

名叫见血封喉的树

当年我们曾在那邂逅

当我走到那棵树下

奇迹就此发生

你忽然打来电话

说梦见两只天鹅

彼此相向而行

在一个断桥边相遇

而你从梦中惊醒

海边的思念

（爱情+海滩的联想）

在银色的沙滩上我想你

当月亮像半边贝壳缀在天边
海风把咸涩的滋味灌满我眼
我把眼泪噙成粒粒珍珠
用月光串起为你挂在胸前

在渔船倾侧的码头我想你
当渔女唱起锈蚀的咸水歌
我捧起雪白的细沙像捧起绵云
滚滚的绵云仿佛无尽羊群
我在椰风海韵中将你追寻

在大海深处的死胡同我想你
当七彩的鱼吻着睡着的珊瑚
鹦鹉螺是我们的童话小屋
我是龙王你是我的美人鱼
我们一同在古老传说中永驻

爱情名片

（爱情+名片的联想）

这是我的名片，亲爱的
我把它赠送给你
那上面写着我的头衔
你忠诚而忧伤的情人

别嫌它又轻又薄，亲爱的
它承载我所有的情感
强烈得让人窒息
沉重得仿佛时代

如果你也爱我，亲爱的

请把它贴在胸口

让它嗅到你的芳香

感觉到你心跳的变化

你将看到美好，亲爱的

从这张魔力纸牌上

青春、性感和美丽

将成为你永恒的颜色

如果你不爱我，亲爱的

那就把它撕得粉碎

让它像那颗破碎的心

雪花一样扑向大地

流星的爱情

（爱情+流星的联想）

在你的世界里

我是一颗流星

从你的身边匆匆划过

一条美丽的弧线

一次致命的飞行

当我们彼此靠近

多么浪漫神奇

仿佛牛郎织女

相会在鹊桥七夕

体验万种风情

欢愉像礼花灿烂

又像礼花短暂

在甜蜜地绽放过后

只有永恒的痛苦

思念像夜色弥漫

当我们耳鬓厮磨

曾指望光阴止步

但落花有意流水无情

又祈求像织女牛郎

能有个一年一度

马蹄声过后我终于明白

你不是我的归人

我却是你的过客

往日不可能重来

我又踏上孤独的旅程

没有人与我同行

哪怕一颗最小的星星

我的结局只有陨落

陨落在宇宙深处

连同那最后的光影

也许在遥远的未来

人们会在某个星球发现

在玫瑰凋谢的荆棘丛

散落着无数个陨石坑

像恋人永不瞑目的眼

课后阅读2　艺术作品中的二元联想

艺术家在创作过程中经常会采用二元联想的方法进行创作。图6-2所示的这组绘画是我从《像艺术家一样思考》这本书中看到的，可以看出二元联想在其中的作用。

图 6-2

玛格丽特 *Golconde*　1953年　油画　（本图片来自网络）

Rene Magritte是比利时超现实主义画家，这幅名为*Golconde*的油画作品主要由中年男人的形象和楼房构成，无论是中年男人还是楼房都画得平淡无奇。然而令人震惊的是，中年男人像雨点一样从天上掉下来，这就使得整幅画作有一种陌生和意想不到的新奇感。可以看出，这幅画的创意来自中年男人和雨点的二元联想。

我们再来看图6-3。

第六讲　强制联想

图 6-3

玛格丽特 《红色模型》1935年 油画（本图片来自网络）

这是Rene Magritte的另一幅作品，它是人脚与皮靴二元联想的结果，它打破了生命与非生命的界限，给人一种惊悚的感觉。

我们再来看图6-4。

图 6-4

奥本海姆《毛皮茶杯》1936年 装置作品（本图片来自网络）

这个裹着毛皮的茶杯、杯碟和汤匙很显然是由动物的毛皮与茶杯的二元联想而来的，它赋予刺激味觉的茶盏以触觉感。

我们再来看图6-5。

图 6-5

阿钦波多《鲁道夫二世》 1590年 石板油画（本图片来自网络）

这幅极富创意的国王肖像画是由植物和人物的二元联想得来的，给人一种幽默风趣、富饶丰盛的感觉。

第六讲 强制联想 | 75

课后阅读3　联想与创新的关系

根据百度百科定义，联想是指由于某人或某种事物而想起其他相关的人或事物；由某一概念而引起其他相关的概念。我们在认识一个人和事物（名称或实体）时，不可能只停留在该事物本身，而会自然而然地产生相关联想，这是人类思维的特点。联想是我们对人和事物认知的不可分割的有机组成部分，只是平时未必会引起我们的注意。

认知心理学实验中，常常把联想分为两类：近距离联想和远距离联想。早在1962年，Mednick在创造性理论中提出了远距离联想的概念，他认为概念在一个语义网络中是按照不同的强度相互联系的，某个特定的概念激活另一个概念的水平反应了两个概念表征的距离。也就是说，那些越不容易从一个概念联想到的另一个概念，两者之间的距离越远。高创造性的人以一种独特的方式联系事物，他们能够轻松地产生较多的远距离联想，他们的"联想层级"范围很广，这也意味着他们并不倾向于选择那些与刺激词有关的典型的高预期的联想词；相反,他们倾向于选择那些低预期联想词。

大多数情况下，人类思维是联想性的、跳跃式的，类似于网络的超链接。除非我们付出意志努力，否则我们的思维并不总是按照形式逻辑进行线性思考的。人类的超链接式联想是创新思维的来源，是不同于计算思维的地方。

超链接的特点就是不是单纯由文本到文本，也可以由文字符号到图形、图像，或者声音、气味。网络的超链接是多媒体与网状结构的组合。超链接式的思维容易产生直觉与顿悟，而不是简单利用逻辑推导。然而，随着年龄与经验的增长，这种超链接联想也容易变为一种定势，形成相对固定的联想关系，从而妨碍我们的思维创新。这就好比虽然网络给了我们各种跳转的可能性，但每个人还是会遵从一定的习惯与程序在网上进行浏览一样。

创造心理学有一个共识，那就是创造力与发散性思维有密切的关系，即一个人若能由一个事物联想到尽可能多的事物，那么他就有可能表现出较强的创造力。思维导图之所以有利于激发创新思维，正是由于其特有的放射状结构有利于激发发散性思维，有利于产生远距离联想；头脑风暴等创新思维技法也是为了激发团队成员的发散性思维。而发散思维的根本目的就是帮助人们打破思维定势，建立不同事物（尤其是距离较远的事物）之间的新联系，发现解决问题的新方法。

在新的观念和事物的"组合"中,联想起了非常重要的作用;观念的联想形成创造性思维,也就是说,把"平凡"的零星的观念组合起来形成"非平凡"的观念,这种新的观念和事物的"组合",就是创造性思维的表现,联想构成创造性思维的基础。

课后练习 动动笔

一、单选题

1. 关于强制联想的描述，哪一项是错误的？

A. 在两个看上去无关的事物之间寻找内在联系
B. 对两个事物或概念进行细致拆分，再进行强制连接
C. 用两个词进行自由发散联想，然后再进行词与词之间的搭配与重组
D. 发现两个事物之间的不同

2. 进行强制联想的目的是什么？

A. 追求事物的新颖性
B. 喜欢别出心裁
C. 突破思维定势
D. 把两个不同事物重组在一起

二、判断题（请在下面的句子后面的括号内打✔或打✘）

1. 一般来说，两个事物或概念之间的距离越远，强制联想的效果越好（ ）

2. "互联网+"这一概念的提出，就是希望通过将各行各业与互联网进行强制联想，以激发创新创业（ ）

3. 强制联想只能在两个事物之间进行，不能同时在三个事物之间进行（ ）

4. 比喻就是在两个不同事物之间进行强制联想以发现它们的相似性（ ）

三、思考题

1. 请用"爱情"和"风筝"进行强制联想，创作一首诗或歌词。

2. 请将"杯子"与"医学"进行强制联想，写出杯子有多少种医学用途。

第七讲
思维导图及其创新应用

（场景同前）

师：同学们好！今天我们来说说思维导图。

生1：终于说到思维导图了，老师，我还记得您上节课讲到用思维导图进行强制联想的故事。

师：你们知道思维导图是谁发明的吗？

生2：英国学者东尼·博赞。

师：是的。你们知道东尼·博赞为什么要发明思维导图吗？

生1：（摇头）不知道。

师：据说东尼·博赞最初是想发明一种记笔记的方法。我们大多数人记笔记都是直接用文字记，东尼·博赞查看了很多天才人物如达芬奇等的笔记，发现他们记笔记的方式与常人不同，常常是图文并茂的。于是他发明了思维导图，思维导图就是把文字与图形有机组合在一起。这种图形逐渐发展成一种学习、记忆和思维的有效工具。你们知道思维导图有哪些基本要素吗？让我们先来看几张思维导图（如图7-1~图7-3所示），这些图片都是网络上找到的。

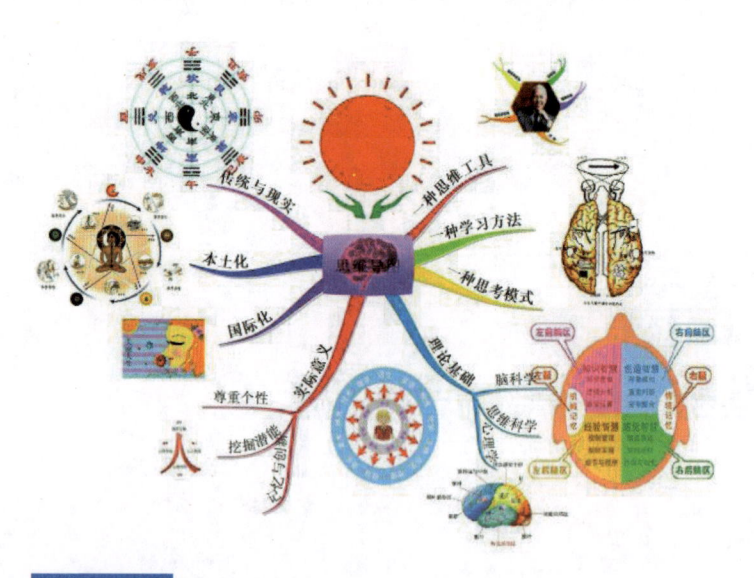

图 7-1

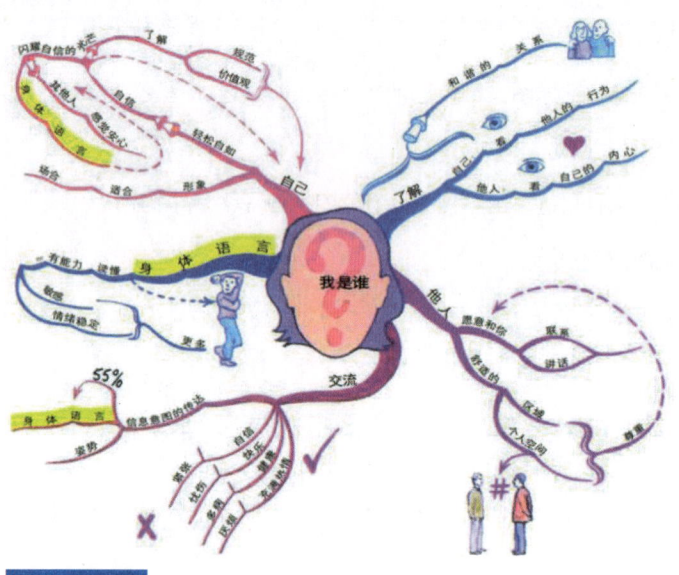

图 7-2

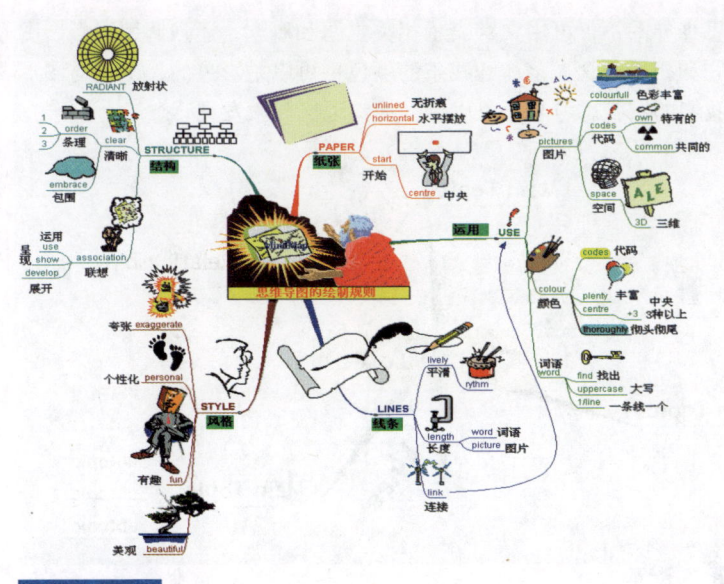

图 7-3

生2：思维导图都有一个中心，然后向四周发散。

师：是的。老师曾经把思维导图分成五个基本要素。

生1：哪五个？

师：第一，就是中心主题，如图7-4所示。每个思维导图都有一个中心主题，它是思维的核心，所有的思考都是围绕这个核心展开的，中心主题的转换则代表了思维的跳跃，可形成系列思维导图，这种系列思维导图被称为动态思维导图。

第二个要素我把它称为关键词，是围绕中心主题逐级展开的相关概念，这些概念应该用词或短语组成，而不宜用完整的句子，因此需要画图者从纷繁的思考中进行加工与提取。概念准确与否反映思维的清晰度与概括能力。

第三个要素是分支，是指概念之间的纵向联系。往往表示上下级概念之间的隶属关系或逻辑联系，每一个分支代表一种思考方向，分支的数目可以表示思维的广度，分支的长度则表示思维的深度。如果我们围绕一个中心主题想到的关键词越多，说明我们思维的方向越多，思维越广；如果分支的长度越长，表示层级越多，思维越深入。第四个要素是联系线，它表示概念之间的横向关联，即一个分支与另一个分支之间的横向联系。横向联系往往表示内在的、非逻辑性的关系，体现出思维的丰富性、联想性和创造性。最后一个要素是颜色

第七讲 思维导图及其创新应用 | 81

与图像。思维导图不仅可用文字表示相关主题和概念，还强调用图形、图像等来表示主题和相关概念，字体和线条的颜色也可以是彩色的，颜色与图形图像可以促进我们的右脑思考与形象思维，加深记忆与激发灵感。

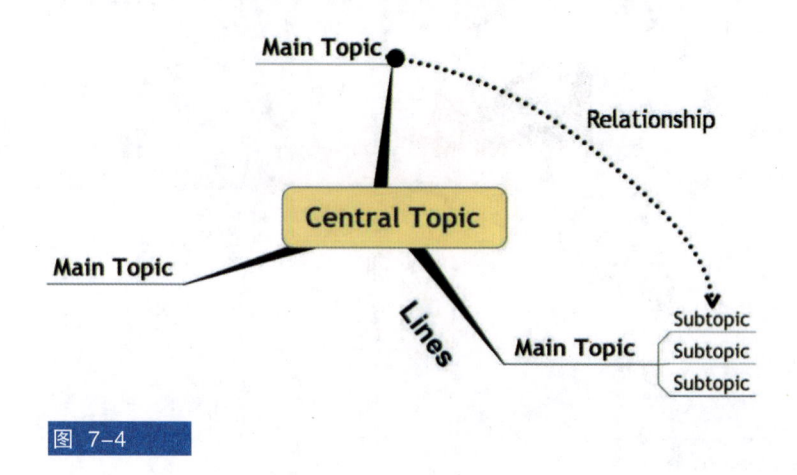

图 7-4

生2：老师，这五个要素是不是都要具备？

师：也不一定。完整的思维导图应该具备所有的要素，但也有一些思维导图会缺一两个要素。比如有些思维导图是全文字的，没有图形图像；有些思维导图是全图像的，不含文字；还有的思维导图没有联系线。

生1：老师，思维导图到底是用笔画好，还是用计算机软件画更好？

师：从东尼·博赞先生本人的观点来看，他主张用手画更好。因为他认为只有亲自动手画，才更有利于加深印象，强化记忆，同时激发创意。但对一般的思维导图学习者来说，用手画必须具备一些基本的绘画技能，而且不便于修改，耗时也比较长，所以现在更多的人习惯于用计算机软件来画。现在思维导图的做图软件有很多，也很方便。而且，用软件画还有一些用笔画无法取代的功能，比如用软件画的思维导图带有超级链接功能，可以将思维导图与PPT、Word文档、网页、视音频文件等链接起来，使思维导图的功能强大得多，也更适合数字时代的学习方式。

生2：老师，怎样才能用思维导图激发创新思维？

师：我们在前面的课程里已经介绍了一些运用思维导图的方法，比如用思维导图创作诗歌、散文等。思维导图是一个很好的进行发散思维和头脑风暴的工具。比如，我们开会时，可以一边让大家轮流发言，一边让一个记录员在大屏幕上通过思维导图作图工具进行记录，这有一个好处，就是每一个新观点都可以及时在屏幕上显示出来，后面发言的人就不会重复前面已经说过的话了，而且大家盯着屏幕的中心主题看，也不容易离题和走神，据说可以大大提高会议的效率。用思维导图进行发散思维有三种主要形式。

生1：哪三种？

师：第一种叫自由联想发散法，就是围绕中心主题，开展自由联想，想到什么词就写下什么词，不要讲究任何规则，不要有任何顾忌，想得越多越好，一直想到想不出来为止。第二种叫科学联想发散法，这种方法与自由联想发散法正好相反，它是让我们围绕中心主题，按照一定的逻辑、规则、理性进行系统思考。比如，第一级关键词应该是什么、应该有哪些？第二级关键词应该是什么、应该有哪些？第一级关键词与第二级关键词应该有某种逻辑关系，必须具有科学性，等等。

生2：那第三种呢？

师：第三种我把它称为强制联想发散法，就是将两种看上去风马牛不相及的事物或者名词强制联系在一起，进行联想思维。我们前面已介绍的用强制联想进行诗歌、剧本创作，进行发明创造，就是用的这种方法。

生1：老师，这三种方法一般用在什么地方？

师：自由联想发散法和强制联想发散法一般用在需要激发创意的时候，我们先进行自由联想发散法，然后在这个基础上再进行强制联想，这个我们前面已经举过几个例子。科学联想发散法多用于学习与记忆过程中，比如我们可以用这种方法做笔记，对老师讲课内容或教材进行分析，还可以用于考试答题。有一次，我就让学生在考试中用画思维导图的方法来回答一道开放性的问题，从中可以看出学生的概念是否清楚、思维过程是否符合科学性，是否具有条理和逻辑，等等。

生2：老师，我想到一个问题，为什么画思维导图就能够激发创意？其中有什么道理吗？

师：这个问题问得很好。我们平时记笔记写文章是用文字和标点符号的，文章和笔记一般都是线性排列的，一行一行，按先后顺序进行的，对不对？这种逻辑与线性思考用到的主要是我们的左脑，我们的左脑是分管语言和文字的；如果我们用画思维导图的形式来思考和记录，思维导图本身就是一种放射状的图形，思维导图里面也包含大量的颜色与图形图像信息，那么这些颜色与图形会作用于我们的右脑，因为右脑是负责图形与形象思维的。因此，在画思维导图的过程中，我们的左脑和右脑都发挥了作用，这样更容易激发创新思维。

生1：哦，原来是这样！

师：还有一个原因，我们平时思考习惯在脑内进行，不伴有动手或动笔，不能把我们思维的轨迹记录下来。这样我们很容易在原地转圈，走不出来。不容易产生新的想法。如果我们边思考边画思维导图，那么我们很容易看到我们的思考方向和路径，不会走重复的路，更愿意求新求异，这样灵感就容易涌现出来了。

生1：明白了！

生2：老师，我还有一个问题，您前几次课讲到突破思维定势的三种主要方法，第一是转变思考方向，第二是软性思考，第三是强制联想。那今天讲的思维导图与这三种方法是一个什么关系呢？

师：思维导图是一个工具，它的应用有助于体现我们前面介绍的三种思维方法。第一，思维导图是放射状图形结构，这会促进我们尽可能多地从不同方向思考，每一个分支都代表一个思考方向，分支越多代表思考方向越多，是不是？第二，我们用思维导图进行自由联想，自由联想不讲逻辑、不讲规则，只求新意，跟着感觉走，这就有利于我们进行软性思考；第三，用思维导图可以进行两两之间的强制联想，我们也举过很多这方面的案例了。所以思维导图是一个很好的思维工具。

生1、生2：谢谢老师！

| 课后阅读 | **用思维导图创作故事与短剧** |

2012年11月24日,我在做晚饭时忽然有一点灵感,想着以往用思维导图作诗,都是通过文字联想,如果把文字变成图像进行联想,会有什么不同呢?

于是我一边做饭菜,一边把原来那首中秋诗的联想图找出来,用上面的关键词去网上搜索,找到相应的图片放在思维导图的文字旁边,在检索图片的过程中又增添了几张联想的图片,就做出了图7-5所示的思维导图。

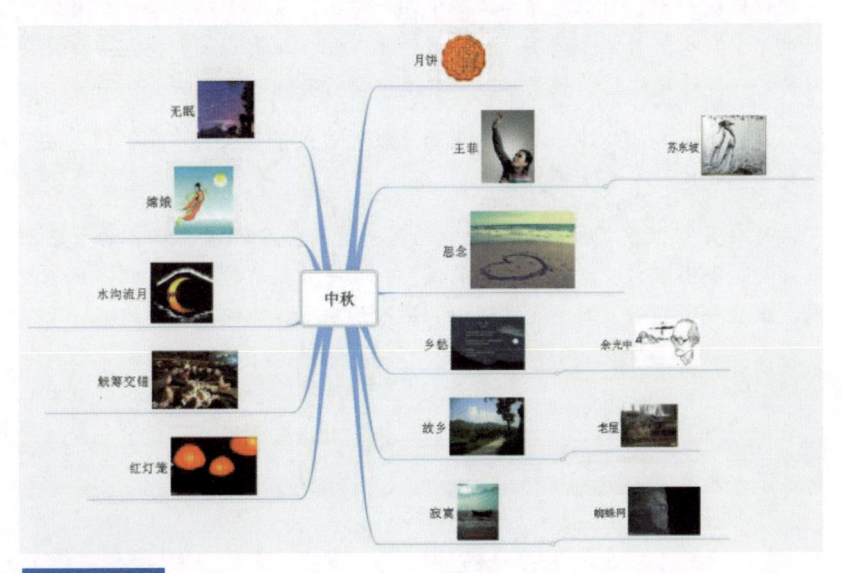

图 7-5

然后看着上面的图片,用它们进行强制联想,把这张图与另一张图叠加,脑子里渐渐产生了完整的影像,可惜我不具备绘画和制作影像的能力,只好把自己心中的影像用文字描述下来。

中 秋

王菲独自一人在海边徘徊。用脚在沙滩上画了一个大大的心形。海浪不断冲上沙滩,一次又一次把那个心形抹去,她又用高跟鞋的尖尖一次次重画。她终于累了,就走到岸上的一棵椰树下坐下,仰头望着圆满的月亮。

她望着月亮里的阴影,不由得想起了故乡的小路。小路的尽头通向一座破旧的老屋,老屋的屋梁上挂着大大的蜘蛛网,那是她出生的地方。

她忽然想回到儿时的故乡,回到自己出生的老屋里,非常非常想。她仿佛看到月亮里就有自己的故乡。于是她向月亮下方的海面望去,看到海面上飘着一只小船。

她脱掉高跟鞋,赤脚走向那只小船。她爬上了那只小船,向月亮的方向划去。她划呀、划呀,不知划了多久、划了多远,可是月亮还是离她很远、很远,一点也没有靠近。

她低头一看,月亮就在水里。就用手去捞,没想到捞起了一个月饼。她正好饿了,就吃起月饼来。不一会,月饼吃完了,她有点困,感觉身体变得轻飘飘。一阵海风吹过,她居然飘了起来,向月亮的方向飞去。

她越飞越高、越飞越高,身上的衣服也变成了长长的水袖,她变成了飞天的嫦娥,就这么一直飞进月宫里!

她从月宫里往下看,看见地球的另一边有一个水乡。水乡的景色很美,到处都是小桥流水,水里有月亮的倒影。在一座拱桥边,她看到一位瘦瘦的诗人,正在一张宣纸上写下一首新词。她细细一看,那词是这样的:

明月几时有

把酒问青天

不知天上宫阙

今昔是何年

我欲乘风归去

又恐琼楼玉宇

高处不胜寒

起舞弄清影

何似在人间

转朱阁

低绮户

照无眠

不应有恨

何事长向别时圆

人有悲欢离合

月有阴晴圆缺

此事古难全

但愿人长久

千里共婵娟

她觉得这首词写得真好，不由得轻轻哼唱起来。她唱着、唱着，不知不觉睡着了。醒来之后，地球上已过了上千年。她看见大陆边有一个小岛，岛上有一群人在海边的屋子里喝酒，大家频频碰杯，气氛热烈。忽然，一位老者颤颤巍巍地站起来，向大家朗诵了一首自己创作的新诗。

小时候

乡愁是一枚小小的邮票

我在这头

母亲在那头

长大后

乡愁是一张窄窄的船票

我在这头

新娘在那头

后来啊

乡愁是一方矮矮的坟墓

我在外头

母亲在里头

而现在

乡愁是一湾浅浅的海峡

我在这头

大陆在那头

她注意到屋子外面走廊里挂起了红红的灯笼，一群孩子正在放鞭炮。原来人间又在过不知道第几百几千个中秋节了。

我把这个创作过程写进博客之后，又想有没有可能把这种方法用于实际工作中，解决实际工作中遇到的问题呢？我忽然想起最近中心为筹备教育信息化十周年庆祝会，要拍一个名为《一网情深》的专题片，反映校园网的进步，长度是6~7分钟。负责这个专题片的小郑为这个专题片的剧本愁得不行，他曾经拿过一个初稿给我看，希望我替他改改，我哪里改得了？我自己对此也毫无创意。如果能用思维导图法写成一个剧本，该有多好！

说干就干，在看完《非诚勿扰》之后，我就试着做起来。我先用"网"这个词自由发散出渔网、蜘蛛网、互联网、无线网、网格、计算机、校园网、论坛、数据库、手机、拉网捕鱼、网球、云彩、云计算等词，又用"情"这个字发散出亲情、友情、爱情、情网、同学情、校园、情商、人鬼情未了等词，然后用这些词检索相关图片，我一共找了20张图。最后，对着这些文字和图片，几乎不费吹灰之力就完成了下面这个剧本，前后只花了不到两个小时的时间。

一网情深

旁白：记得北岛有一首诗，题目叫"生活"，全诗只有一个字：网。我们每天就在这样的网中生活着。

这是一张什么样的网呢？

场景：黄昏，一个渔夫来到水边，走进齐腰深的水里，将手里的一张渔网撒向空中，渔网张开成一个圆形，然后慢慢沉入水底。

长长的渔网在劳动号子中被缓缓拉了上来，无数鱼儿在网中蹦跳、冲撞，无法逃脱。

旁白：但我今天要说的不是渔网，也不是……蜘蛛网。它看不见、摸不着，却无处不在、无时不有。那是一张无形的网。

场景：新生在接待处前注册，交网费。

旁白：我没想到，从走进中山大学的第一天起，我就陷入了这张无形的"网"中。

场景：一个男生和一个女生在中山大学草坪的转弯处相遇了，男女生手中各拿着一个网球拍。

男生：你就是……外院丽人？

女生：你就是……生科健将？

男女生：对呀，是我！

（两人兴奋地看着对方，然后一起沿着草坪向前走去）

旁白：我们是一个月前在校园网逸仙论坛里结识的，她是外国语学院的，所以网名叫"外院丽人"，大家都叫她小丽。我呢，是生科院的，爱好运动，自称"生科健将"。我们都喜欢打网球，前天在网上约定，今天一下课就在这里见面，一起去打网球。

场景：网球场，男生和女生在打网球。这时，男生的电话响了。

画外音：你怎么搞的？我们组就你的作业还没交，你快点交吧，否则会影响我们小组的成绩！

男生：（小声地）我现在有事，能不能等一会儿？

画外音：不行，再晚就来不及了！

（男生望了望女生，有点不舍得离开。忽然，他想到了什么，从口袋里掏出了手机，按起键来。）

旁白：多亏了校园无线网，我通过手机登录学习平台，完成了老师布置的作业，然后继续和小丽打起网球。不瞒你说，我已经喜欢上她了。

场景：图书馆的窗边桌子旁，男生和小丽面对面坐着。

小丽：亲爱的，我有一道题不会做，怎么办？

男生：什么题？我看看。学校教学资源库里有很多这方面的资料，让我替你找找。……找到了！这里有很多教学资料，还有老师讲课的视频，你看看！

小丽：太好了，你怎么这么能干？

男生：不是我能干，是它！（指指计算机），还有它（指指窗外的白云），现在是云计算时代，好东西都在"云"里，只要好好利用它就行了！

场景：学生宿舍。男生坐在计算机前，正在焦急万分地鼓捣着什么。

旁白：小丽最近到珠海校区实习了，我们约好每天都要通过QQ视频聊天，今天眼看约定的时间就要到了，我的计算机却出了问题，真急死人！

画外音：（递给他一部笔记本电脑）用我的吧！（男生抬起头望着画外，面露感激的神色）

场景：小丽的头像出现在电脑屏幕上，男生笑了。

旁白：在中山大学的四年里，我一天也没有离开过这张"网"。借助这张"网"，我收获了很多知识，还捕获了我的"鱼儿"——小丽，我对它情有独钟，真可谓一网情深呀！

画外音：人鬼情未了的主题曲响起。

剧终

课后练习 动动笔

一、单选题

1. 思维导图包含哪些基本组成要素?

    A. 核心主题与分支
    B. 关键词与联系线
    C. 颜色与图形
    D. 以上都是

2. 下列哪一项与思维导图无关?

    A. 自由联想发散法
    B. 科学联想发散法
    C. 强制联想发散法
    D. 随机联想发散法

二、判断题（请在下面的句子后面的括号内打✔或打✘）

1. 思维导图分支越多，表示思维越广、越灵活（   ）

2. 联系线一般表示隶属关系和层级关系（   ）

3. 颜色和图形有利于促进右脑思维（   ）

4. 用计算机软件绘制思维导图和手绘思维导图各有优势（   ）

三、练习题

1. 从网上下载思维导图作图软件进行学习。

2. 学习用彩色铅笔画思维导图。

3. 找一本关于思维导图的书看。

第八讲
简化思维与打破规则

（场景同前）

生1：老师，您前面跟我们讲了突破思维定势的三种主要方法，但我看到很多讲创新思维的书里介绍了很多方法，它们都能用您说的这三种主要方法来概括吗？

师：基本上可以涵盖，只不过涉及具体问题时会有很多具体的解决办法，但万变不离其宗。

生1：老师，您能给我们具体分析一下吗？

师：可以，突破思维定势的方法有很多，而且有些不太好归类，我们可以结合具体的案例介绍它们。比如，还记得我们曾经布置过一个课后练习吗？（展示题板）

从前有个农夫，死后留下了一些牛，他在遗书中写道：妻子得全部牛的半数加半头；长子得剩下的牛的半数加半头，正好是妻子所得的一半；次子得还剩下的牛的半数加半头，正好是长子的一半；长女得最后剩下的半数加半头正好等于次子所得牛的一半。结果一头牛也没杀，也没剩下，问农夫总共留下多少头牛？

你们想想这个问题如何解答？

生2：哇，这个问题好复杂呀！

生1：老师，是不是要列方程式呀？

师：这个问题确实很复杂，如果我们按照常规思维去解，比如列方程什么的，会很麻烦。但我们能不能把这个问题简化呢？

生1：老师，怎样才能简化呀？

师：比如，我们能不能从结果反推？

生2：老师，我知道了，既然最后一头牛也没杀，也没剩下，那么，最后分到牛的长女，至少要分到一头牛。

师：是的，那其他人呢？

生1：我也知道了，次子应该是长女的两倍，就是两头牛，长子应该是次子的两倍，得四头牛；妻子应该是长子的两倍，就是八头。

师：那总共多少头牛呢？

生1：1+2+4+8=15头！

师：现在你们再看看符不符合题目的要求？

生2：完全符合！

师：你看这个问题不是很轻松地解决了吗？这就叫简化思维。简化思维的特点就是聚焦核心问题，从结果或最终目标反推，以避开其他纷繁复杂因素的干扰，有点类似于逆向思维，是一种化繁为简的思维方式。

生2：老师，您还能多举几个简化思维的例子吗？

师：好的，你们看看图8-1。（展示图片）

这是一个印度的牛仔裤广告，你们看它就是运用了简化思维。用简笔画替代真实的模特广告，更加突出了女性穿牛仔裤后身材的苗条，同时突出了这款牛仔裤的品牌。是不是很有创意呀？

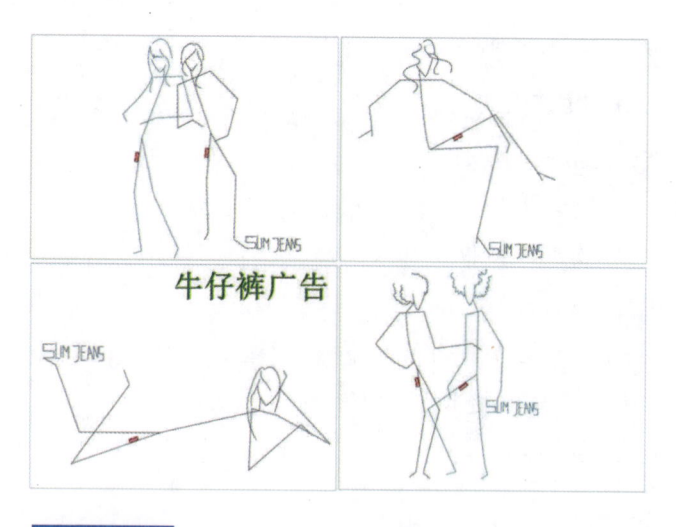

图 8-1　　　（图片由网络图片集成）

生1：是的。

师：你们知道我国的美术大师齐白石吧？

生2：知道。

师：齐白石很善于画虾，他画的虾只有寥寥几笔，连水也省略了。反而更加突出了水的清澈和虾的神态，如图8-2所示。这也是运用了简化思维。

图 8-2　　　（图片来自网络）

再举一个例子，改革开放初期，对于社会主义国家到底能不能搞市场经济，思想界与理论界存在很多争论，有人认为市场经济姓资不姓社，大家意见很不一致，谁也说服不了谁。后来，邓小平说了一句话：我们搞社会主义的最终目的是什么？是不是为了解放生产力，实现共同富裕，让老百姓都过上好日子？1992年，邓小平南巡时，在上海贝岭公司说了一句话："计划和市场都是经济手段"，既然只是手段，那只要能解放生产力、发展经济，让老百姓过上好日子，就都可以用。从而平息了这个争论。这里也是用到了简化思维，从最终目的开始思考，认识计划和市场都只是手段，只要能实现最终目的，都可以采用。这样就容易想清楚了。

生1：老师，简化思维是不是就是要把复杂的问题简单化？

师：是的，但这个简单化是要直指问题的核心和根本的，就是要追问你的最终目标是什么？从最终目标出发找到解决问题的创新方法，而不要被一些枝节问题所困扰。下面老师再给你们看一个案例。你们都知道田忌赛马的典故吧？

生1、生2：知道。

师：你们分析一下，孙膑是怎样帮助田忌赢得赛马的胜利的？

生1：大将军田忌的马没有齐王的马好，他们原来比赛是用上等马对上等马、中等马对中等马、下等马对下等马，三局两胜，结果田忌每次都是输。

生2：后来孙膑给田忌出了个主意，让田忌用上等马去对齐王的中等马，用中等马去对齐王的下等马，用下等马去对齐王的上等马，结果三局中赢了两局。

师：孙膑在这里改变了什么？

生1：改变了不同等级的马的出场顺序。

师：对，也就是打破了原来上等马对上等马、中等马对中等马、下等马对下等马的比赛规则，是不是？

生2：老师，这样也可以吗？

师：当时没有说这样不可以，大家只是出于习惯才那样比的。后来田忌把孙膑推荐给齐王，齐王也因为这一点看出孙膑是个人才而重视他。打破规则，有时是突破思维定势，激发创新思维的好办法。

生1：老师，我们不是从小就被教育说要遵守规则吗？

第八讲 简化思维与打破规则 | 95

师：是的，遵守规则在大多数时候都是正确的，但也要看具体情况。我们要看当时制定某种规则的理由是什么，现在是不是还有合理性。如果原来制定规则的理由不存在了，那么规则也就应该打破了。举个例子，你们知道键盘为什么是这样排列的吗？

生2：不知道，我也觉得奇怪，为什么键盘是这样打乱来排的，而不是按照26个字母顺序来排的。

师：你们可能没有用过老式的英文打字机，那种打字机是机械的，当你按下一个字母键的时候，长长的机械臂就把那个字母打在滚筒的纸上，如图8-3所示。如果打字员速度太快，机械臂就很容易碰到一起，绞在一起，要用手才能掰开，非常麻烦。所以有人想办法在键盘上下功夫，最简单的方法就是打乱26个字母的排列顺序，把较常用的字母摆在较笨拙的手指下，比如，字母"O"是英语中使用频率第三高的字母，但却把它放在右手的无名指下；字母"S"和"A"，也是使用频率很高的字母，却被交给了最笨拙的左手无名指和小指来击打。同样的道理，使用频率较低的"V""J""U"等字母却由最灵活的食指来负责，如图8-4所示。

图 8-3　　（图片来自网络）

图 8-4　　　（图片来自网络）

生1：原来是这样。

师：结果，这种组合的键盘就诞生了，并且逐渐定型下来。后来，由于材料工艺的发展，字键弹回的速度远大于打字员的击键速度，但是键盘字母顺序却因为习惯而无法改动了。现在大家用的是电脑键盘，早已不存在打字机才有的绞键问题，人们却还在使用旧式的字母排列方式，事实上，降低了我们的打字速度。这就是我们盲目遵守过时的规则带来的后果。

生2：老师，您是想告诉我们，有时我们需要大胆突破原有的规则，才能找到解决问题的新方法？

师：是的，总结得非常好！我再给你们举一个打破规则的例子。你们知道诗歌是一种特殊的文体，很讲究合仄押韵，对吧？不仅中国诗歌如此，外国诗歌也一样。美国有一个伟大的诗人，名字叫惠特曼。在惠特曼之前，美国文学深受英国文学的影响。英诗有很严格的规范，很多人把英诗的规范视为金科玉律。但惠特曼向所有这些金科玉律挑战，创作出一种毫无传统韵律、由长长的排比句式组成的自由诗体，形成了独特的美国气派和美国风格，从而使美国文学第一次登上世界舞台，并深深影响了一代又一代诗人。可以说，惠特曼是改变诗歌规则的第一人，是诗体的创新者。以至于有人说，惠特曼的诗歌如此奇特，让人感觉到好像以前从来没有人写过诗歌一样。

生1：老师，您今天介绍的简化思维和打破规则两种方法，可以归入您前面讲过的突破思维定势的三大方法之中吗？

师：可以的，你们想想应该归为哪类方法？

生2：老师，我觉得应该属于转变思考方向中的逆向思维。

师：说得很对！比如简化思维，就是当我们遇到复杂问题时，不被问题的复杂性所迷惑，而是反过来把复杂问题简单化，从问题的根本性方面出发来寻找解决办法；打破规则也是逆向思维，平常我们都主张遵守规则，而打破规则不正是反其道而行之吗？

生1、生2：是的。

师：所以，只要我们牢记突破定势的基本原理，遇到具体问题时才能灵活运用各种创新思维方法。

课后阅读1　规则是可以改变的

"从来如此，便对么？"

——摘自鲁迅《狂人日记》

我们从小被教育要"遵守规则"，这没有错。上课要遵守纪律，否则课堂会乱套；过马路要遵守交通指示，否则可能会有性命之虞。遵守规则，给我们带来很多好处，比如可以减少犯错的机率，还可以获得别人的好感和信任。

久而久之，我们可能会养成在任何时候都严格遵守规则的习惯，而从来不去想一想，这个规则是在什么情况下制定的。现在是否还适用？

有个人有一个习惯，每天早晨要出门散步。出门不远有一个岔路口，一条向左，一条向右。他每天都习惯性地向右转，一直走到一座民居前才掉头回来。有一天他来到岔路口，正准备往右走，忽然停下来想，为什么我要往右转呢？原来右边那个民居前有一条叫爱斯兰的猎狗，长得非常活泼可爱。他每天都要摸摸它，和它玩一会，然后才心满意足地回家。一个多星期前，那家人搬走了，猎犬也带走了，可他还是天天往那边走。今天才意识到情况变了，于是决定往左转，结果发现了更多有趣的事情。回来后他把这个现象总结了一下，并给它取了个名字，叫"爱斯兰现象"。

爱斯兰现象

1. 我们制定的规则是很有意义的。

2. 我们遵从这些规则。

3. 时光流逝，事物变化。

4. 制定这些规则的原有理由不再存在，而规则仍在，我们继续遵从它。

所以，我们要时刻警惕"爱斯兰现象"，在必要的时候要勇于打破规则。下面我讲几个打破规则的故事。

故事一

中国国家大剧院是法国建筑设计师保罗·安德鲁设计的。在国家大剧院设计方案招标过程中，主办方曾提出三条设计原则。

一看就是一个大剧院

一看就是中国的大剧院

一看就是天安门附近的大剧院

这无非是表示要尊重传统。但安德鲁沿着天安门前的长安街走了一回后发现，这里既有明清时代的建筑，也有建国初期苏联式的建筑，可见传统是随着时代的变化而变化的。于是安德鲁将那三条设计规则置之脑后，别出心裁地设计了一个漂浮于水面上的"鸟蛋"式建筑。从外观看剧院的穹顶像个"蛋壳"，而"蛋壳"里面的剧院就是"蛋黄"，观众从大剧院进进出出，象征着不断孕育的新生命。这个颇具"未来"感的设计，最终在数百件设计方案中脱颖而出，完全改变了原定的设计规则，为传统赋予了崭新的内涵。

故事二

我常常对学生说，学习要以"我"为主，即要根据自己的需要选择学习的内容、学习的方式。学习不只是为了继承前人的知识体系，更重要的是要建构自己的知识体系。我提出三句口号：为创新而学习，对学习的创新，在学习中创新。我鼓励同学们自己给概念下定义，通过写教育博客逐渐完成个人的知识建构。实际上也是改变了以往学习以"继承前人"为主的规则，确立了以"建构和创新"为主的新规则。

初学写论文的时候，少不了要对论文写作规范进行学习，尽量仿照杂志上的论文格式和写作规范进行写作。后来我转向教育叙事研究的时候，发现杂志上的论文格式和规范与质的研究报告有不小的冲突。我没有为了发表而屈从杂志的要求，而是坚持按照自己认为对的方式进行写作，哪怕文章被杂志退回也不改初衷。大家知道，质的研究论文在国内很难发表，因为被某种成见认为不够"科学"。一次，我写了一篇质的研究论文，寄给了某知名杂志，因为文章的字数大大超过了杂志的规定，写作格式也没有按照《投稿须知》里的要求。本不抱什么希望，没想到那家杂志没有简单地把我的文章一退了之，而是在听取了两位审稿专家的评审意见后，决定发表我的这篇论文，但建议我把论文篇幅缩短一半。接到刊物的通知后，我重新审视了一遍论文，尽量对论文进行了压缩，在压缩了一小部分篇幅后，觉得实在不能再压了，否则会降低文章的质量。于是决定把自己的意见告诉编辑。当时打算宁肯失去这次发表机会，也不做违背自己独立判断的事情。结果杂志社从善如流，按照我的定稿发表了论文的全文。

故事三

改变规则，不仅要打破原有的规则，还需要重建新的规则。从某种意义上说，是要重建价值体系和评价标准，它带来的改变往往是革命性的，同时也伴随很大的风险，要求新规则的创造者具有非凡的胆识与献身精神。

开国大典时，毛泽东建议鸣礼炮28响。有人提醒他，按照国际惯例，21响礼炮是世界上的最高礼仪，毛泽东不以为然，我们为什么要事事按照别人的来？我们放28响有我们自己的理由。大家一想，可不是吗？中国共产党从诞生到建国那一天，刚好28年。28响礼炮，就代表着中国共产党28年的奋斗历程。规则既然是人定的，就可以被人打破。事事遵守规则，你只会成为一个庸人；在需要打破规则的时候，敢于打破规则，你才会成为一个创造者。

记住，如果你想成为有创造力的人，有时就要敢于像鲁迅小说里的狂人那样，问一句：从来如此，便对么？

> **课后阅读2　聚焦核心问题**

简洁至极所费的心思比包罗万象毫不逊色。

——（英）艾略特

你有没有遇到过这样的情形，当你想解决某个问题时，发现那个问题实在太复杂了，牵涉许多方面，你感觉自己好像进入了一个迷宫，不知道该往哪边走，不知道该如何着手。只好在原地徘徊。这时你可能需要简化你的思维。

一次，我布置研究生们设计一个关于教师培训的调查问卷，以便对教师培训的内容和形式进行新的设计。结果两个星期过去了，他们还拿不出一份调查问卷设计。一问，才知道他们刚刚学过一门关于如何设计调查问卷的课程，觉得调查问卷的设计学问太多了，要考虑的问题太多了，他们不知如何下手，刚讨论到第一个问题时就争论不休，意见统一不了，所以迟迟没有进展。这种情形以前几届学生也都遇到过。

我告诉学生，先不要管那些理论，你们先问问自己，你们这次调查的目的是什么？他们回答，改进教师培训的教学设计。那好，以前的培训课程存在哪些问题？他们想了想，说出了一些，但还有很多不清楚的地方。我又问，那谁清楚这些问题？开展培训的教师和参加培训的学员。我说，那好，你们先访谈几位教师和学员，看看他们提出了哪些问题。然后加上你们想知道的问题，需要调查的项目不就有了？结果，问卷初稿很快就设计好了。我又让他们拿这份问卷在部分参加培训的教师和学员中进行初步调查，看看问卷中存在哪些问题，然后做了修改和补充，不到一个星期，正式问卷就出炉了。

还有一次，一位开展培训的教师发现，报名参加培训的老师越来越少，一问才知道，大家觉得培训班的结业考试太难了。来参加培训的教师的计算机和信息技术水平差别很大，而培训班采取统一的教学内容和考试要求，一些基础好的学员觉得课程太容易，吃不饱；而一些基础差的学员则觉得太难了，跟不上，考试也通不过，只好放弃。我跟负责培训的老师交换意见，他坚持说他是按照教学大纲的要求来安排内容和考试要求的。我问他，我们开展教师教育技术培训的根本目的是什么？他回答，提高教师的教育技术水平，促进教师利用技术改善自己的教学。我说，对呀，关键在于"提高"和"改善"两个词。教师培训和正式的学历教育不同，学历教育要求学生达到同一个水平要求，才能授予相应的学位；而教师培训属于非学历教育，只需要学员在原有的基础上有较大的提高，将来能够在自己的工作岗位上不断进步就行了，对不对？他点头表示同意，但又说，那考试总得有个统一的标准吧。我建议他在学员入学时先做一个问卷调查和前测，了解他们的起点水平和需求，然后给他们提供相关的培训，结业时再进行一次考核，看看他们在各自原有水平上提高了多少，以"提高分"作为考核能否通过的标准，这样就解决了这个问题。

很多人之所以对有些问题感到难以抉择，是因为他们在问题和信息的海洋中迷失了自己最初的目标，不知道自己到底要什么。这时，最好的办法就是把问题聚焦到最初或最终的目标上来，从目标反推，看看要实现这个目标需要采取哪些行动，而不要过多关注旁枝末节，这种思维方式就是简化思维。

不少诗人和艺术家利用简化思维创作他们的作品。例如，美国意象派诗人庞德，曾经创作过一首名为《地铁车站》的诗歌。开始时诗歌有数十句之多，后来他不断删减，最后浓缩为只剩两句，成为意象派诗歌的代表作。

人群中那几张脸幽灵般地闪现

湿漉漉的黑树枝上的几朵花瓣

——庞德《在地铁车站》

无独有偶，我国著名诗人卞之琳也创作过一首名为《断章》的诗歌，最初也是一首比较长的诗歌，后来删减为两小段。

你站在桥上看风景

看风景人在楼上看你

明月装饰了你的窗子

你装饰了别人的梦

——卞之琳《断章》

课后练习 动动笔

一、单选题

1. 下面关于简化思维的描述哪一项是不正确的？

    A. 聚焦核心问题
    B. 从结果反推过程
    C. 类似于逆向思维
    D. 从侧面迂回思考

2. 关于打破规则的描述哪一项是准确的？

    A. 很多时候遵守规则是必要的
    B. 当制定规则的基础已经变化，可以打破规则
    C. 打破规则有利于实现创新与突破
    D. 以上都对

二、判断题（请在下面的句子后面的括号内打✔或打✘）

1. 简化思维不等于简单思维（　　）

2. 过于循规蹈矩不利于创新（　　）

3. 凡事一定要按照程序去做（　　）

4. 复杂的问题需要复杂的方法才能解决（　　）

三、思考题

1. 想一想，现实中哪些规则已经过时，哪些规则可以打破？

2. 有父子俩带着一条小狗散步。儿子和小狗先出发，10秒钟后父亲才动身。在父亲出门的一瞬间，小狗奔向父亲身边；接着它又马上朝儿子那边跑去。小狗就这样不停地跑来跑去，小狗每秒跑5米，父亲每秒走2米，儿子每秒走1米，问在父亲从家门口出发到赶上儿子的这段时间里，小狗共跑了多少米？

第九讲
移植、借鉴与连接

（场景同前）

师：还记得我们上节课讲了什么吗？

生1：上节课老师给我们讲了简化思维和打破规则两种方法。

师：是的，今天我再给你们介绍两种方法。大家知道柯达照相机吗？

生2：就是那种用滚筒式胶卷的照相机吗？

师：是的。在柯达照相机被发明之前，人们是将一张张的照相底片放到相机里面拍照的，每次照相前都要更换底片，非常麻烦。后来，有一个叫乔治·伊士曼的人由滚筒式窗帘受到启发，发明了滚筒式胶卷和照相机，这就是后来风靡全球的柯达相机。在这个案例里，我们看到发明者是从一个领域中"盗取"构想，运用到另一个领域，才取得成功的。这种思维方式可以被称为移植与借鉴。

生1：移植与借鉴？老师，这种例子多吗？

师：很多。老师讲一个自己的例子。有一次，我要给本科生上一堂叫"案例与实践"的通识课，让学生亲身感受信息技术在现代学习中的应用。当时我们是在一个主校区上课，另外两个校区通过双向视频会议系统参与听课，也可以通过系统互动。在这次课之前，老师已经向同学们讲了很多关于现代学习技术的理论知识，如果这次的案例与实践课还是采用传统的讲授方式，意义不大。我希望能让学生共同参与，但课堂人数那么多，还分为三个校区同时上课，怎样才能让同学们能够积极参与互动呢？我一直在思考这个问题。后来，我偶然在电视节目中看到崔永元主持的《实话实说》，我觉得这种形式很好，可以让现场观众积极互动，于是决定采用主持电视节目的方式来上这堂课。

生2：用主持电视节目的方式来上课？具体怎么做呢？

师：我先让同学们围绕一个主题在网上收集资料，上传到课程平台，并在讨论区进行分享与交流，然后我从发言积极的同学中挑选了几个嘉宾，给每个嘉宾安排了任务。上课时，我把讲台撤掉，像电视节目一样，在讲台上摆放了一张茶几，茶几上还放了一盆花和一部笔记本电脑。我让事先挑好的嘉宾坐在台上，在我的支持下分享他们收集到的资料，发表他们的观点，老师则进行引导。台下的观众及其他校区的听众也可以参与话题的互动，还可以随时通过网络查找资料。结果这堂课上得很成功，课后大家意犹未尽，在课程论坛里继续交流讨论。

生1：老师，我也想到了一个案例。过去老百姓要办一件事情往往很难，要跑好多个政府部门盖章，我还听说为办一件事要盖一百多个章的例子。后来政府为了改进服务工作，想到一个方法，就是借鉴超市的经营模式，把相关的部门集中在一个大的服务中心里，老百姓只要到这里就可以享受一站式服务，把所有的章都盖齐，把所有的程序都走完了。人们管这种政府服务中心模式叫"政务超市"。

生2：是的，我们那里也有这样的政务超市。

师：是的，这也是一个移植借鉴的好例子。所以我们平时要留心观察周边的事物，关心自己专业以外的领域中发生的事情，说不定会找到解决我们自己面临的问题的方法。这种方法也类似于我们前面讲过的强制联想。也就是把一个领域的原理、方法、模式，与另一个领域的问题解决进行有机联系，从而激发创意。类似的思维还有连接思维。

生1：什么是连接思维？

师：我们先看图9-1（展示图片）。

图 9-1　（图片来自网络）

图9-1所示的图片叫《瀑布上的房子》。我们一般要观赏瀑布，是不是会在瀑布的对面找一个地方建房子或亭子？

生2：是的。

师：但这个建筑师很有创意，他直接把别墅建在瀑布上方，这样住在别墅里的人不仅可以近距离观察瀑布，还可以听到瀑布的声音，感觉会很不一样，是不是？再看图9-2（展示图片）。

图 9-2　（图片来自网络）

第九讲　移植、借鉴与连接

这个建筑更有意思，它把一支水枪与建筑墙面"连接"起来，是不是很有创意？连接思维在解决我们日常生活中的一些事情上也很有帮助。比如，我们中山大学有一座老建筑，校方决定要在这座建筑外修一道围墙。但建筑周围有很多古老的树木，建围墙需要砍掉一些树，我当时很担心。后来我发现学校没有砍树，而是把树变成围墙的一部分，将围墙与树有机组合起来，既美观，又保持了原来的风味，这也是运用了连接思维。

生1：老师，连接思维除了应用在建筑设计方面外，还有没有用在其他设计上的？

师：有呀。（展示图9-3和图9-4）

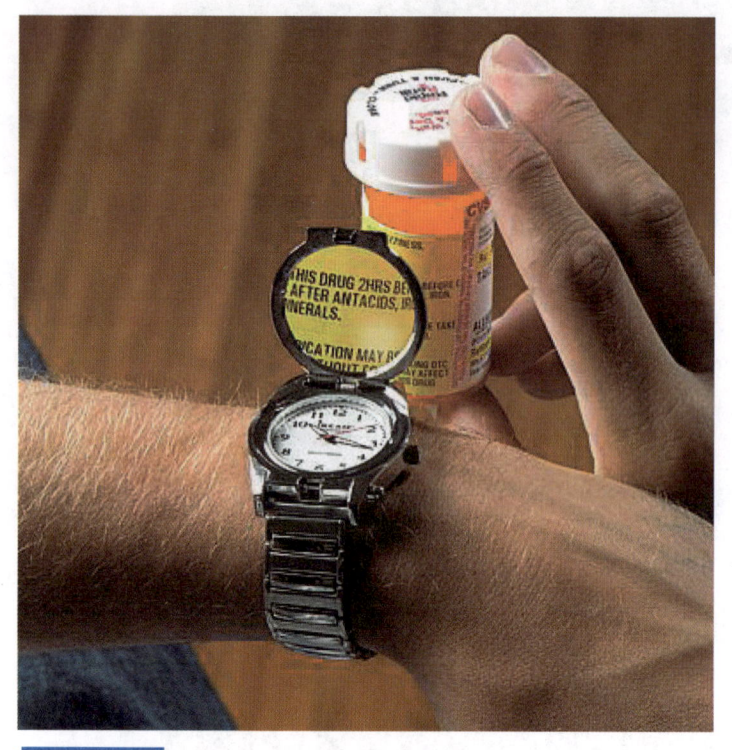

图 9-3　　（图片来自黎加厚教授幻灯片）

这个设计是把手表与放大镜连接在一起。

图 9-4　　（图片来自黎加厚教授幻灯片）

这个设计是把滑板车与婴儿车连接在一起。

生2： 老师，这不就是二元联想吗？

师： 是的，连接思维本质上也是一种二元联想。万变不离其宗，我们只要掌握了创新思维的基本原理，就可以灵活运用多种方法解决问题。

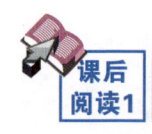

课后阅读1　知识创新与模式识别

模式识别（Pattern Recognition）是来自计算机科学、测绘学、地理学、昆虫学和免疫学的一个概念，是一个科技名词。我在这里讨论的模式识别，指的是人类的一项基本智能，属于认知科学范畴，意指人类通过关于事物的各种信息对事物及其规律进行描述、辨认、分类和解释的过程。所谓模式（Pattern），是指隐藏在事物之中的一种内在规律，找到这种规律可以指导我们预测和应对同类事物。当这种规律多次出现的时候，被敏锐的人识别出来，并用文字符号进行加工整理，形成新的方法、理论和概念，就是知识创新。如果说认知处理还是一种对已知规律的学习、理解和运用，模式识别就是对未知规律的发现、揭示和阐述。模式识别是知识创新的主要范式。

那么，如何才能识别新的模式呢？我认为有以下几种方法。

1. 通过重复出现的现象识别模式

一种现象反复多次出现，就会引起人们的注意，人们就会对此现象进行推论，形成模式。例如，人类发现太阳每天从东边升起、西边落下，就推论出它将永远如此，久而久之形成了日的概念。看到月亮由圆到缺，又由缺到圆，就逐渐形成了月的概念。让我们来看看下面这组数据。

1，8，27，64，125，……

你能预测后面的数字吗？很显然，这是一组连续数字的3次方，下一个数字应该是6的3次方，即216，依此类推。这就是一种模式。

值得注意的是，这种推论并不是严格的逻辑推理过程，更多的是基于经验，与知识的一级结构有关，因而有可能因为例外情况的出现而产生误判，人类早期对许多自然与社会规律的认识都是通过这种方式建立起来的，它们只在有限的时间和空间内是正确的，超出一定的时空范围就可能变为不正确了。例如，地球上大多数地方的人们通过长期观察，发现太阳每天东升西落的运行模式，在南极和北极的某些季节就可能不正确。那些地方每年有一段时间会出现极昼与极夜现象，也就是太阳整天都不落下去或者整天都不升起来。牛顿物理定律在超光速飞行的情况下也将不适用，这个时空里需要用爱因斯坦的相对论才能解释。

2. 通过不同事物之间的相似性去识别模式

人们相信，宇宙是按照一些相近或相似的规律建立起来的。例如，人类发现，宏观宇宙的结构（如行星围绕恒星转）与微观世界的结构（如电子围绕原子核转）是如此相似；人类社会的构成与蚂蚁社会的构成也有诸多相似之处。再如，物理世界的同性相斥、异性相吸原理，是不是也与人类社会的同性相斥（竞争）异性相吸非常类似呢？这样的例子有很多。基于这样的信念，我们可以借助某些表面看起来风马牛不相及的事物之间的相似性比较，发现一些新的模式或规律。例如，我通过将自己不断撰写与修改博文实现意义建构的实践经验，与银行的零存整取储蓄形式进行比较，发现其中的相似性，从而提出了知识碎片化时代的零存整取式学习策略；后来又受蛋白质三级结构的启示，归纳总结出知识的三级结构模式。这种思维方法主要来自于知识的第三级结构，即联想结构；通过有意识的联想，有可能实现某种意想不到的知识创新。

3. 通过直觉与想象识别模式

人类的认知心理有这样两种现象：一是先入为主效应，二是完型效应。

先入为主效应又称第一印象效应，是指人类思维容易受最初印象的左右，通过第一印象的直觉判断，形成一种思维定势。一旦定势形成，就会自我强化，不容易更改。例如，我们看到图9-5时，如果第一印象是少女，我们就不容易看出老妇的形象；如果第一印象是老妇，则不容易看出少女形象，除非我们进行有意识的努力。所以直觉既能帮助我们迅速识别某种模式，又可能误导我们。

图 9-5　（图片来自网络）

第二种是完型效应，是指当看到一幅不完整、不连续的图画时，人们会自动补充缺失的部分，使之成为完整的图形的现象，如图9-6所示。

图 9-6　　（图片来自网络）

这幅图中间的三角形其实是不完整的，三角形的三条边都是断裂的，但我们一眼就能看出中间有个三角形。为什么呢？因为在我们的潜意识里已经自动将那三条边中断的部分连接起来了，这就是完型效应。完型效应是通过我们的想象来识别模式的一种方法，这对结构不良事物的内在本质与规律的认识很有帮助。

4. 通过上述多种方法的综合运用识别模式

这可能是更经常出现的情形，对于复杂模式的识别需要通过多种方式综合判断，这里就不详细论述了。

模式识别并不一定都能导致知识创新，但知识创新主要是通过对新模式的识别来实现的。

课后阅读2　创新与顿悟

阿基米德是古希腊著名的数学家和力学家，他有一个为人熟知的"洗澡"的故事。国王让金匠做了一顶新的纯金王冠，但他怀疑金匠在王冠中掺假了。可是，做好的王冠无论从重量上，还是从外形上都看不出问题。如何才能知道王冠里有没有掺杂其他的金属呢？国王把这个难题交给了阿基米德。

阿基米德日思夜想。一天，他去澡堂洗澡，当他慢慢坐进澡盆时，水从盆边溢了出来，他望着溢出来的水，突然大叫一声："我知道了！"竟然一丝不挂地跑回家中。原来他想出办法了。

阿基米德把王冠放进一个装满水的缸中，一些水溢出来了。他取了王冠，把水装满，再将一块同王冠一样重的金子放进水里，又有一些水溢出来。他把两次的水加以比较，发现第一次溢出的水多于第二次，于是他断定王冠中掺了银。经过一番试验，他算出银子的重量。当他宣布他的发现时，金匠目瞪口呆。

这次试验的意义远远大过查出金匠欺骗国王。阿基米德从中发现了一条原理：即物体在液体中减轻的重量，等于它所排出液体的重量。这就是著名的阿基米德定律。

这个故事就是一个通过顿悟导致知识创新的经典案例。

顿悟指的是"这样一些问题的解决，看来是突然来到的，俨如包含着能达到预期目的的整个错综复杂的手段在内的一个新'完形'，在动物的意识中突然出现；它确实好像随着'顿悟一闪'（flash of insight）而引起的适宜的动作"。换句话说，顿悟主要是指通过观察，对情境的全局或对达到目标途径的提示有所了解，从而在主体内部确立起相应的目标和手段之间的关系完形的过程，它总是伴随着一种"啊哈"的体验。

顿悟现象主要有以下六个特点。

（1）问题解决前常有一个困惑或沉静的时期，表现为迟疑不决，有长时间的停顿。

（2）从问题解决前到问题解决之间的过渡不是一种渐变的过程，而是一种突发性的质变过程。

（3）在问题解决阶段，行为操作是一个顺利的不间断的过程，形成一个连续的完整体，很少有错误的行为。

（4）顿悟依赖于情境，当答案的基本部分与当前情境的关系较易觉察时，才容易出现顿悟。

（5）顿悟获得的问题解决方法能在记忆中保持较长的时间。

（6）在一种情境中产生的顿悟可以迁移到新的场合。

一个包含顿悟过程的认知任务必须至少满足如下几点。

（1）最终的正确答案与最初的解答不同。

（2）最终的正确答案是通过一个重构过程获得的。

（3）这个重构过程是唯一的获得正确答案的途径。

研究发现，顿悟问题主要是一种非言语加工，而言语加工会影响顿悟问题的解决。

从心理过程上看，顿悟是一个在一瞬间实现的、问题解决视角的"新旧交替"过程，它包含两个方面，一是新的能有效地解决问题的思路如何实现；二是旧的、无效的问题解决思路如何被抛弃（即思维定势如何被打破）。顿悟意味着大脑内新异而有效的神经联系的形成。

众所周知，顿悟是创新思维的关键环节。上述所有的研究都提示，大多数情况下，创新并不是一个通过简单的"试错法"或严密的逻辑推理就能够实现的。要想实现知识创新，必须充分运用非言语思维加工（这主要是右脑的功能），打破思维定势，进行认知重构。

课后练习 动动笔

一、单选题

1. 移植与借鉴思维是指什么？

A. 将一个事物与另一个事物对接起来
B. 将一个领域的原理、方法或构想运用到另一个领域之中
C. 将一个事物的一部分挪到另一个事物中去
D. 以上都不对

2. 关于连接思维的描述哪一项是不正确的？

A. 将一个事物与另一个事物有机连接起来，组成一个新的整体
B. 其本质是二元联想
C. 彼此连接的两个事物必须有相似性
D. 是很多发明创造的典型方法之一

二、判断题（请在下面的句子后面的括号内打✔或打✘）

1. 仿生学原理利用的就是移植与借鉴思维（   ）

2. 有创新思维的人应该留心自己专业领域之外的事物（   ）

3. 联想思维是很重要的创新思维方法之一（   ）

4. 发明创造既可以"做加法"，也可以"做减法"，例如从某件产品中去掉一部分也可能成为一个新产品（   ）

三、练习题

把自己的手掌放在一张A4纸上，用笔描出自己的掌型，五个手指形状代表五个思考方向，请从五个方面对自己进行创意自我介绍。比如将自己比作动物、植物、人物、物品等，并用文字（诗歌或短文）进行说明。图9-7所示是作者的一个示范，仅供参考。

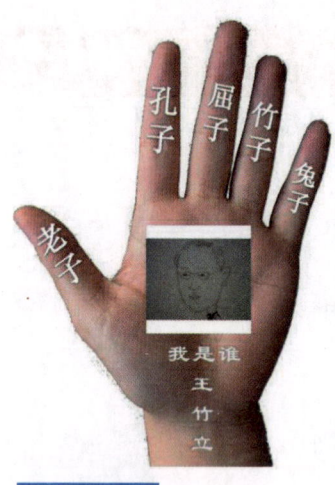

崇尚自然爱老子
（思想）
教书育人学孔子
（职业）
忧郁激愤似屈子
（才情）
清高自持像竹子
（秉性）
敏锐迅捷赛兔子
（属相）

图 9-7

第十讲
批判性思维与创新

（场景同前）

生1：老师，我想请教一个问题，您认为批判性思维跟创新是什么关系？

师：那我要先问问你，什么是批判性思维？

生1：我也说不清楚，感觉好像批判性思维就是要怀疑与批判吧？

师：批判性思维到底是什么，其实到现在为止也没有一个公认的定义。我比较同意这样一种说法，批判性思维是"一种问为什么的态度"，一种以正确推理和有效证据为基础，审查、评估与理解事件、解决问题、做出决策的认知策略。

生2：老师，您能不能说得具体一点？

师：我举一个例子吧。有一位名人说，儒家是主张用活人殉葬的，其根据是，儒家的祖师爷孔子说过一句话：始作俑者，其无后乎？意思是骂第一个用陶俑代替活人殉葬的人断子绝孙。这就证明他主张用活人殉葬。你们怎么看？

生1：不知道哦，大概是吧？

师：为什么？

生1：因为这句话是一个名人说的，名人比我们懂得多，应该不会乱说话吧？

师：为什么？名人就没有乱说过话吗？

生2：老师，我觉得这个说法证据不足。首先，这句话是不是孔子说的？

如果是，孔子是在什么情境下说的？还有，这句话到底是什么意思？

师：非常好！这就是批判性思维的特点。批判性思维是从质疑开始的，你这三个问题一环紧扣一环，有很强的逻辑性。首先，我们来看第一个问题，这句话在孔子弟子记录他的言行录《论语》中找不到，在孔子生前自己编撰的《六经》中也没有找到，只在《孟子·梁惠王上》一书中以孟子转述的方式第一次出现过。但孟子是在孔子死后一百多年才出生的，他是如何得知孔子这句话的呢？有没有可能是孟子为了说服梁惠王而假托孔子说的呢？或者孟子从别人那里听到了这句话？或者在孟子的时代有记载孔子这句话的书存在，不过后来失传了？几种情况都有可能。

生1：老师，孟子为什么要转述这句话呢？

师：对！我们查找这句话的出处，发现孟子的原意跟那位名人的说法正好相反，孟子的原意是说，孔子连用像人的陶俑殉葬都不忍心，你怎么能那么对待老百姓呢？孟子是用这句话劝诫梁惠王要对老百姓好一点，要行仁政的。

生1：哦，原来是这样！

师：既然这句话是不是孔子说的存疑，孟子作为儒家的亚圣，地位仅次于孔子，他的原意也不是这样，那么，无论是说孔子主张用活人殉葬，还是说儒家主张用活人殉葬，都是难以成立的，至少是理据不充分的，对不对？

生1、生2：对！

师：刚才我们运用的就是批判性思维，老师认为，批判性思维包含三个环节：质疑、求证和判断。质疑就是提出问题，对任何观点和主张，不论它是谁提出来的，也不管它有多少人相信，都要敢于提出质疑。质疑不是为怀疑而怀疑，而要讲究证据，无论是赞成还是不赞成，都要寻找支持与否定的事实和证据，这就是求证。求证过程中不但要寻找支持某一观点的证据，还要找不支持甚至反对的证据，即既要有正例，也要接受反例，不得以任何理由回避或忽视反例。必须把正例和反例都纳入求证的思考过程。最后，做出合乎逻辑和理性的判断。这就是批判性思维。

生1：老师，批判性思维与人们在辩论赛中运用的思维是不是同一种思维方式？

师：不一样！辩论赛中运用的思维我们可以称之为论辩式思维，论辩式思维与批判性思维有相似之处，它们都是从质疑开始，都要寻找对方观点中的漏洞和不合理之处，进行分析与批判。但论辩式思维以辩赢为目的，无论是正方还是反方，都只抓住对方的漏洞和不合逻辑之处进行攻击，而对己方的漏洞与不合逻辑之处则极力回避，容易产生攻其一点不及其余的倾向，严重时会发展成诡辩式思维和对抗性思维。批判性思维则以追求事实与真理为目的，强调既要接受正例，也要接受反例，对正反两方面的论据进行辩证思考，避免片面与偏颇。但理论是一方面，现实生活中往往又是另一方面，在现实生活中，批判性思维稍不注意，就很容易滑向论辩式思维。

生2：哦，老师您能举一个例子吗？

师：比如我前面举的那个说孔子主张活人殉葬的名人，就一贯以批判性思维自居，当别人指出他的解释不符合孟子的原意时，他反而说孟子的理解是错误的，他的解释才是正确的。而他提出的所有证据无非是孔子是推崇周礼的，活人殉葬是周礼的一部分，所以孔子肯定是主张活人殉葬的。这里面就有偷换概念之嫌了，有研究发现，活人殉葬在商代很流行，到了周代已经不太流行了，后来又有起有伏，甚至到明朝还有，凭什么说它是周礼的部分？历史上确有《周礼》一书，据说是周公所作，记录了国家方方面面的典章制度、礼仪规范，也包括殉葬制度，但翻遍该书没有一句提到活人殉葬，周代确实还有活人殉葬，但是不是周礼的重要组成部分？如果是，为什么《周礼》一书没有规定？为什么孔子生前整理的六经和其弟子记录孔子生前言行的《论语》中一字不提？为什么这句话仅仅在《孟子·梁惠王上》一书中出现过一次？而且意思还与该名人的解释正好相反？那位名人完全无视这么多反例，仅凭主观臆断和牵强附会就做出肯定的判断，显然已经不是批判性思维，而滑向论辩式思维和诡辩式思维了。

生2：老师，怎样才能避免由批判性思维变成论辩式思维？

师：首先，要端正心态，一定要尊重事实，不能只找对自己有利的证据，而对自己观点不利的证据视而不见或者歪曲解释；其次，要以正确推理为前提，推理过程一定要正确，不能有错误，否则就会得出错误的结论。比如，我们来看看下面这个例子的推理过程。你能够证明1元等于1分吗？

生1：1元等于1分？怎么可能？！

师：老师证明一遍给你看看。（在板上书写证明过程）

1元=100分=10分×10分=1角×1角=0.1元×0.1元=0.01元=1分

生2：好像每一步都对，但结论肯定是错的，到底哪一步出了问题？

生1：我知道了，是单位出了问题，10分×10分应该是分的平方，不能还是分，但没有平方分这样的单位，所以这个等式是不成立的。

师：这个论证过程应该怎么做才对呢？1元=100分=10分×10=1角×10=0.1元×10=1元，这样做就不可能得出1元=1分的结论了。所以，在进行批判性思维的过程中一定要注意其推理过程是否严密，是否有偷换概念的情况。否则很有可能得出错误的结论。

生1：老师，批判性思维与创新思维是什么关系？

师：这个问题比较复杂。批判性思维属不属于创新思维的一部分？学术界有不同的看法。老师是这样看的。创新思维包含两个主要阶段，第一阶段是创意的萌发，在这一阶段，批判性思维作用不大，甚至可能还有反作用。大家知道，创意的萌发要依赖软性思考，要敢于打破思维定势，包括不受规则与逻辑的限制，在这一阶段，过早地使用批判性思维有可能把灵感的火花扼杀在摇篮里；但到了第二阶段，也就是创意的成型阶段，需要对创意的雏形进行筛选、整理、加工与完善，这时，批判性思维就可以派上用场了。

生2：老师，我明白了，批判性思维属于硬思考，而创新思维更需要软思考，尤其是在创意萌芽的开始阶段，是不是？

师：对。但创意要变成可行的方案，还是需要批判性思维的。

课后阅读1　"始作俑者，其无后乎"的出处与原意

首先，我们来看《孟子·梁惠王上》的原文。

梁惠王曰："寡人愿安承教。"孟子对曰："杀人以梃与刃，有以异乎？"曰："无以异也。""以刃与政，有以异乎？"曰："无以异也。"曰："庖有肥肉，厩有肥马，民有饥色，野有饿莩，此率兽而食人也。兽相食，且人恶之。为民父母，行政不免于率兽而食人，恶在其为民父母也。仲尼曰：'始作俑者，其无后乎！'为其象人而用之也。如之何，其使斯民饥而死也？"

这段古文的意思大致翻译如下：

战国时，有一次梁惠王向孟子请教治国之道。孟子问梁惠王："用木棍打死人和用刀子杀死人，有什么不同吗？"

梁惠王回答说："没有什么不同。"

孟子又问："用刀子杀死人和用政治害死人有什么不同吗？"

梁惠王说："也没有什么不同。"

孟子接着说："现在大王的厨房里有的是肥肉，马厩里有的是壮马，可老百姓面有饥色，野外躺着饿死的人。这是当权者在带领着野兽来吃人啊！大王想想，野兽相食，尚且使人厌恶，那么当权者带着野兽来吃人，怎么能当好老百姓的父母官呢？孔子曾经说过，首先开始用俑的人，他是断子绝孙、没有后代的！您看，用人形的土偶来殉葬尚且不可，又怎么可以让老百姓活活地饿死呢？"

看到这里我想大家都已经明白，孟子是借孔子的这句话（无论是转述还是杜撰）劝梁惠王要"施仁政"，对老百姓好点，这是儒家的一贯主张，怎么能以此推断出孔子是赞成用活人殉葬，甚至诅咒那些用陶俑代替活人殉葬的人断子绝孙呢？

课后阅读2　为什么理性常常不能占上风？

这只有一个解释，就是人是情绪的动物，人的情感、情绪在人们的认知过程中起"把门人"的作用，可能谁都不能例外。但有些人因为性格的原因，或者受过系统的科学训练，相对于另一些人会更倾向理性。

比如网络谣言，其实很多谣言只要动脑筋想一想，就可以大致判断真伪，至少会抱有怀疑，所谓谣言止于智者。智者最大的特点就是不大会被情绪左右，也不会被表面现象迷惑，而是借助其丰富的经验和深邃的洞察力发现事物的本质和真相。然而遗憾的是现实生活中智者太少，而被情绪或表面现象左右的人太多。很多人传谣、信谣只是因为那些谣言符合他们的情绪和想象（这些情绪和想象也是构成他们心智模式的一部分），如果言论与他们的情绪和想象相反，不管是真话还是谎言，他们都不会接受。但也有一些人明知是谣言却还要传播，其中不乏一些名人或有影响力的人，那就是别有用心了。

人类常常有各种思维定势，当他把某种观念作为信念时，就会通过不断吸收支持这种信念的证据，而排斥与这种信念不合的其他证据，从而不断强化原有的信念。即使这种信念在实际中遭遇失败或挫折，也还是会采取种种借口来曲解事实，寻找对自己有利的理由。生活中我们常常可以看到这样的人，即使是专家学者也不例外。

比如，有些人把西方的某一类价值观念和制度体系当作放之四海而皆准的真理，一切都用单一的视角来看待中国的实际，而对西方社会的多元观念与发展变化不予正视，对中国的实际国情与文化传统更缺乏了解，这导致他们的思想和行为不接地气，与普通大众和社会现实日益脱节，最后难免被大众抛弃。

不仅在政治领域如此，学术领域也同样。如果我们死抱着某种僵硬的理论，而不是实事求是、具体问题具体分析，同样也会费力不讨好。其实，任何一种观念、思潮、理论都有其合理的一面，也有不合理的一面，只有将它们放在合适的时间、合适的地点、合适的方向、合适的空间里，才能发挥各自的作用。

警惕情绪对我们判断的干扰，尊重客观事实带给我们的启示，包容一切观点和思想，在事实没有充分展示之前不匆忙下结论，在遇到大量矛盾的信息时坚持独立思考，努力摆脱自己和他人的思维定势，可以让我们少犯一些错误。

课后阅读3　批判性思维的三个环节

笔者将批判性思维过程分为三个环节：质疑、求证、判断。下面笔者将就每个环节具体如何操作进行介绍。

（一）如何质疑。国外有一个教孩子们如何进行批判性质疑的方法，我们遇到一种新的说法时，不妨从下列几方面进行提问。

Who——这是谁在说？熟人？名人？权威人士？想想看，谁在说这句话，重要不重要？

What——他们在说什么？这是一个事实（fact）还是一个想法（opinion）？他们说话有足够的根据吗？他们是不是有所保留，有的话出于某种原因没说出来？

Where——他们在哪里说的这些话？在公共场合，还是私下里？其他人有机会发表不同意见吗？

When——他们什么时候说的？是在事情发生前、发生中，还是发生后？

Why——为什么他们会这么说？他们对自己的观点解释得充分吗？他们是不是有意在美化或丑化一些人？

How——他们是怎么说的？他们说的时候看上去开心吗？难过吗？生气吗？真心吗？仅仅是口头表达的，还是写成了文字？

如果我们遇到问题，也总是像这样不懈地追问，可能上当受骗的机会就会大大减少。

（二）如何求证。质疑之后就要开始求证了，求证可从下列几方面进行。

- 对方除了提出观点（论点），有没有提供例证（论据）？
- 对方的举例或论证是否充分，逻辑上是否严密？
- 是直接证据还是间接证据？是孤证还是多证？
- 有没有相反的例证？

其中，有没有反例非常重要。很多辩论由于不正视或刻意回避甚至曲解反例，从而变成了诡辩。

如果对方不能提供足够的证据和例子，我们可以自己寻找。同样，我们应该既寻找正例，也寻找反例，不能仅凭个人喜好而只寻找一面的例证。

（三）如何判断。求证之后就要做出我们自己的判断。根据证据收集情况，我们可以有下列三种选择。

- 观点明确、例证充分、逻辑正确、无有说服力的反例，可做出肯定判断；
- 观点不明确、例证不充分、逻辑不正确、存在有充分说服力的反证，可做出否定的判断？
- 观点不够明确、无充分必要例证、逻辑不够严密，存在有一定说服力的反证，应该悬置评判。

其实，很多时候对方的观点中既有合理的部分，也有不合理的部分，这个时候就需要用到本书后面提到的包容性思维。

课后练习 动动笔

一、选择题

1. 关于批判性思维的描述，哪项是不正确的？

A. 批判性思维已有统一规范的定义
B. 批判性思维强调质疑与求证，进行理性思考
C. 批判性思维要求进行符合逻辑的分析与推理
D. 批判性思维并不等于一味否定

2. 批判性思维有时会滑向论辩式思维是为什么？

A. 人类容易被自己的情绪与信念所左右
B. 往往只接受对自己有利的证据，而忽视或曲解不利的证据
C. 对对方的观点往往攻其一点、不及其余，忽视其中合理的部分
D. 以上都对

二、判断题（请在下面的句子后面的括号内打✔或打✘）

1. 批判性思维包含质疑、求证和判断三个环节（ ）

2. 批判性思维有利于澄清事实、辨别真伪，做出正确的决策和判断（ ）

3. 在创意的萌芽阶段应该多采用批判性思维（ ）

4. 批判性思维其实就是逻辑思维（ ）

三、思考题

到网上搜索"崔永元与复旦教授激辩转基因"的视频，观看视频，思考下列几个问题。

1. 视频中崔永元与复旦教授采取的是一种什么样的思维方式？

2. 用批判性思维分析辩论双方的推理过程是否存在逻辑错误。

3. 想一想，对于转基因问题有没有更好的思维方法？

第十一讲
平行思维与六顶思考帽

（场景同前）

师：前面我们谈到了批判性思维，大家还有印象吗？

生1：有，老师说批判性思维如果用得不妥当，容易滑向论辩式思维和诡辩式思维。

生2：有时会导致大家相互攻击，产生对立。

师：对的，为了避免论辩式思维容易导致思维对立、互相批判的毛病，有一位叫波诺的学者提出了一种新的思考法，这种思考法叫平行思考法或者水平思考法。其实严格说起来，平行思维与水平思维不完全是一回事，但两种思维方法也确有相似或相通之处，经常被人混用。我们今天不去做过多的辨析，也不做细致的区分，而是把它们放到一起统一介绍。

生1：老师，您能给我们讲讲平行思考法或水平思考法吗？

师：当然可以。我先向你们提一个问题，如果有一个人打井，当井打到足够深时仍然没有出水，这时你们会怎么办？是选择继续打下去，把井打得更深更大，还是选择另找一个地方打井？（展示图11-1）

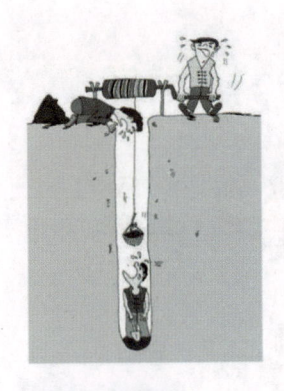

大家都听过一个打井的故事，如果你是一个打井人，当你打到足够的深度仍然打不到水，你会选择继续把洞打深打大，还是另择新址打井？为什么？

图 11-1　　（图片来自网络，文字是另加的）

生1：老师，我会选择继续打下去。

师：为什么？

生1：因为我已经打了那么深了，如果放弃那就前功尽弃了。只要坚持打下去，就有可能出水。况且另找一个地方打井，也不一定能打出水来呀！

生2：老师，我会选择另找一个地方打井，因为这个地方既然已经打到足够深度了，仍然没有出水，说明这个地方很可能就是没水，再打深一点也无济于事。不如换一个地方试试，说不定会有新发现。

师：你们两个正好代表了两种不同的思维方法。选择继续在原址打下去的叫垂直思维，选择另择新址再打的叫水平思维。垂直思维是一种逻辑思维、线性思维，而水平思维是一种非逻辑思维、创新思维。垂直思维的特点是按照单一思路或方向，向纵深发展；水平思维主张寻找新的方向、新的可能性，突破思维定势，让思维在水平层面上进行"平移"。

生2：老师，这不是像您前面讲过的"转变思考方向"吗？

师：对！水平思维就是要我们遇到难题时要善于转变思考方向，所以它是一种创新思维。波诺还发明了一种六项思考帽法，他将六项思考帽法称为平行思维。

生1：六项思考帽？我好像听说过，但具体是什么还不清楚。

师：六项思考帽就是用六种颜色的帽子，分别代表六种不同的思考方向。（展示图11-2）

白色：中立、客观　　黄色：积极、正面　　蓝色：冷静、归纳
黑色：谨慎、负面　　红色：直觉、情感　　绿色：创意、巧思

图 11-2　（图片来自网络）

首先来看第一种颜色的帽子，白色有时又可视为无颜色，白色的帽子代表中立、客观，只是陈述事实与数据，不发表任何主观意见，不作评论；接下来，黄色的帽子，黄色是太阳的颜色，代表积极与正面，意味着从正面发表评论与意见，只说好的一面、有利的一面；与之相反的是黑色的帽子，黑色是夜晚的颜色，代表谨慎的观点、负面的评论，意味着从反面发表意见与建议，只说不好的一面、有害的一面；蓝色的帽子，蓝色代表天空的颜色，天空高高在上、俯视一切，代表冷静、归纳的方向，意味着要全面地看问题，要掌控思维过程与方向，要进行总结和归纳；红色的帽子，红色是生气时脸的颜色，代表情感、直觉，意味着要我们从自己的直觉和个人喜好发表看法，直截了当，不必考虑太多；最后一项是绿色的帽子，绿色代表青草、代表春天和希望，意思是要我们从新的、有创意的角度思考问题，从发展的角度思考问题。

生2：原来是这样，那这六项思考帽到底是怎么使用的呢？

师：别急，听老师慢慢说来。波诺认为，我们以前的那种分析、批判式的思维方法，他称之为垂直思维和判断式思维，其实跟我们说的批判性思维、论辩式思维比较相似，这种思维方法容易产生矛盾与对立，不利于问题的解决，不利于发现创新的方法。为了避免这种现象，他主张我们用六项思考帽进行平行思考。比如我们现在开一个会，讨论某个产品设计方案，会议选出一个主持人，这个主持人相当于蓝色思考帽的角色，他要主持会议，掌控会议进程。当主持人说，我们现在戴某种颜色的帽子进行思考的时候，大家就要都按照帽子颜色进行同向思考，这样就避免了可能出现的思维冲突与对立；当我们把六种颜色的帽子都轮过一遍之后，表示我们的思维同时向六个方向进行了水平移动，这样又可以避免思维的单一性与片面性。

生1：这种思考方法真好，既避免了思维对立，又让大家进行多元思考、多方向思考，确实很全面！

生2：老师，这六种颜色的帽子的顺序一定要按照图11-2所示的顺序吗？

师：当然不是！颜色的顺序可以根据讨论的议题和内容做不同的选择。比如，我们讨论某个产品设计方案时，可以先戴白色的帽子，让大家一起分享这个方案的各个细节与数据；然后戴黄色的帽子，大家发表正面的意见、肯定这个方案好的方面、有利的方面；接下来戴黑色的帽子，大家一起批评这个方案不好的地方、有缺陷的地方；然后戴红色的帽子，每个人表达自己的直觉与好恶；接着再戴绿色的帽子，大家一起思考还有没有更好的方案、创新的方案；最后戴蓝色的帽子，一起来归纳、总结，全面冷静地分析，做出选择和结论。有时候，一种颜色的帽子还可以戴两次，总之要根据具体情况进行安排，直到找到满意答案为止。

生2：不过我发现，好像一般都是从白色思考帽开始的，然后以蓝色思考帽结束。

师：是的，大多数情况是这样的。

生1：老师，六项思考帽只适合团队思考时使用吗？个人思考的时候可不可以用？

师：当然可以！你也可以根据六项思考帽法，自己从不同的思考方向思考同一个问题，这样就避免了单一思路的垂直思考，让你从不同方向进行水平思考，有可能产生出新的创意。

生2：老师，这种思考方法有没有缺点？

师：缺点也是有的，比如操作起来有点烦琐，还有就是有时会产生出好多不同的观点，但六项思考帽法没有告诉我们如何整合这些不同观点和不同意见。

生2：老师，那有没有办法解决这个问题？

师：有的，我们下节课要讲的包容性思维，就是一种整合不同碎片的思考方法。

白色：中立、客观　平行思维与六项思考帽 | 129

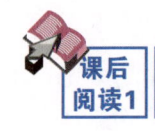

课后阅读1　六顶思考帽法的不足之处

平行思维与六顶思考帽法确实在避免对抗性思维和全面认识事物方面具有优势，但主要适用于找出解决问题的方案，而不太适合澄清事实与辨明是非。以前面我们所举的，关于如何看待某大学教师曲解孔子的"始作俑者其无后乎"这句话的例子来说，运用批判性思维可以有效澄清事实、辨明是非、做出判断，而运用平行思维则较难操作。我们不妨试验一下。

（1）客观陈述事实与问题（白帽）：某大学老师认为，孔子曾经说过"始作俑者其无后乎"这句话，意思是诅咒那些用陶俑代替活人殉葬的人断子绝孙，因为孔子主张"克己复礼"，殉葬制度是周礼的一部分，所以孔子反对用陶俑代替活人殉葬，而主张延续周代的习俗，继续用活人殉葬。

（2）评估该说法的优点（黄帽）：这种解释让我们耳目一新，它能让我们对儒家思想的腐朽反动有进一步的了解。

（3）列举该说法的缺点（黑帽）：这种解释依据不足。首先，孔子到底说没说过这句话，值得怀疑。因为这句话最初出自《孟子·梁惠王上》一书中，孟子比孔子晚生了一百多年，他是如何得知孔子的这句话的？是不是为了某种目的而假托孔子说的？其次，这句话在该书中的意思完全不是那位大学教师解释的那样，恰恰相反，孟子是借孔子这句话劝梁惠王要"施仁政"，对老百姓好一点，只要通读该书的这一部分原文就可以一清二楚。该教师在没有提供足够材料和证据的基础上，就做出这样不负责的判断，显然会误导青年，造成对传统文化的不利影响。

（4）对该方案进行直觉判断（红帽）：（A）我讨厌这种说法，这个大学教师完全是断章取义、哗众取宠。（B）我喜欢这种说法，我觉得可能该教师才是对的。

（5）提出解决问题的方案（绿帽）：继续寻找新的材料和证据，对这句话的真正意思展开讨论。

（6）总结陈述，做出决策（蓝帽）：该教师的说法有新意，但依据不足，有可能带来正反两方面的影响，需要进一步探讨。

看到这里，我们发现，用六顶思考帽法可以提供对某件事的多角度观点，使我们对问题的方方面面有较全面的认识，但有时也容易模糊焦点，难以得出一致的结论。

课后阅读2　《谁动了我的奶酪》一书的思维启示

《谁动了我的奶酪？》（Who Moved My Cheese?）是一本世界畅销书，作者斯宾塞·约翰逊博士是美国知名的思想先锋和畅销书作家。此外，他还是一位医生、心理问题专家，也是将深刻问题简单化的高手。在清晰洞察当代大众心理后，他制造了一面社会普遍需要的镜子——怎样面对和处理信息时代的变化与危机。在该书中，他通过一个寓言故事生动地阐述了"变是唯一的不变"这一生活真谛。

书中有4个"人物"——两只小老鼠嗅嗅、匆匆和两个小矮人哼哼和唧唧。他们生活在一个迷宫里，奶酪是他们要追寻的东西。有一天，他们在某一个洞中同时发现了一个储量丰富的奶酪仓库，便在其周围构筑起自己的幸福生活。一天，奶酪突然不见了！嗅嗅、匆匆立刻穿上始终挂在脖子上的鞋子，开始出去到别的地方寻找，并很快找到了更新鲜更丰富的奶酪；两个小矮人哼哼和唧唧面对变化一筹莫展，难以接受残酷的现实，始终认为奶酪应该还在不远的地方，于是继续在洞中和附近挖掘与寻找，当意识到再也找不到原来的奶酪之后，陷入悲伤、抱怨中不能自拔……

这本书其实还可以从思维方式的角度进行分析。嗅嗅、匆匆的思维方式类似于水平思维，当一个地方的奶酪不见之后，立即去别处寻找，不会在一棵树上吊死；而哼哼、唧唧的思维方式则像垂直思维，一条道走到黑，不碰南墙不回头。当然，最后哼哼、唧唧也醒悟过来，像嗅嗅、匆匆一样，离开老地方，去寻找新出路。在经历了千辛万苦之后，也终于找到了他们的新奶酪。

课后练习 动动笔

一、单选题

1. 关于平行思维的描述，哪一项是不准确的？

   A. 平行思维与转变思考方向有本质上的相似之处
   B. 平行思维有利于避免思维对立
   C. 平行思维帮助我们从多个角度看待事物
   D. 平行思维有利于整合不同意见

2. 关于六顶思考帽的描述，哪一项是不正确的？

   A. 六顶思考帽就是用六种颜色的帽子代表六个不同的思维角度或思考方向
   B. 六顶思考帽一般适合于团队思维时使用
   C. 六顶思考帽有固定的使用顺序
   D. 红色思考帽代表情感与直觉

二、判断题（请在下面的句子后面的括号内打✔或打✘）

1. 水平思维的典型案例是打井的故事（　　）

2. 平行思维的典型方法是六顶思考帽（　　）

3. 垂直思维比水平思维更有利于创新（　　）

4. 只有在经过多方向思考与比较之后的坚持才是有益的（　　）

三、练习题

我国实行十一黄金周放长假的制度，对这种制度的利弊社会上有很多争论，请组成一个8~10人的团队，对如何改革我国节假日放假制度进行头脑风暴，提出新的解决办法，并采用六顶思考帽法对新方案进行讨论。

第十二讲
包容性思维

（场景同前）

师：今天我们来谈谈包容性思维。

生1：老师，包容性思维？好像是一个新名词哦。

师：是的，这种思维方法是老师提出来的。前两节课我们谈到批判性思维与平行思维，它们各有各的优缺点，有各自适用的范围，但它们都没有解决一个问题，就是如何整合不同的意见或观点。生活中我们经常会遇到各种各样的观点、意见和主张，大多数情况下，这些观点、意见或主张既不全对，也不全错，既有合理的一面，也有不合理的地方。不同的观点、意见和主张之间，构成了错综复杂的关系，有些是对立的，或看上去是对立的，实际上不然；有些看上去是指向同一个问题，但实际上它们之间的关系是平行的、互补的，并不矛盾；还有一些关系是互相包含或者互相交叉的，遇到这种情况你们会怎么办？

生2：老师，我也经常遇到这种情况，有时对一个问题，大家众说纷纭，听起来都有道理，但结论又都是矛盾的，有时头都大了，还是不知道怎么办。

生1：老师，您的意思可以用包容性思维来解决这个问题？

师：是的，包容性思维就是一种弥合分歧、整合不同观点的思维方法。我们刚才说过，其实每一种观点都有合理的一面，也有不合理的一面，在这种情况下合理，换一种情形也许就不合理了。如果我们把不同观点中合理的一面都找出了，通过加上一些限定词或限定条件，把它们整合在一起，不就可以形成一个统一的观点了吗？

生1：老师，您能不能举一个具体的例子来说明一下？

师：好的，我们先看一个真实的案例。我记得曾经布置过一个课后练习，就是让你们从网上找一个崔永元与复旦教授就转基因问题争吵的视频短片，大家看过没有？

生2：看过，崔永元是反对转基因的，教授是赞成转基因的，他们为了这件事吵了起来。

生1：老师，您觉得他们两个谁有道理？

师：我们今天不去讨论这场辩论中谁有道理，谁没有道理，而就围绕转基因这个话题来讨论好不好？你们觉得关于转基因社会上是不是存在不同意见？

生1：是的，我赞成转基因，因为转基因有很多好处，比如可以抗虫、防止农作物生病，减少农药使用量，还可以增加食物的产量和营养成分，等等，利大于弊！

生2：我不赞成！因为现在谁也不能保证转基因食品是否对人体是安全的，会不会有害人类健康。

生1：到目前为止，没有足够的证据证明转基因食品有害呀？

生2：你怎么知道？现在没有发现明显的害处，不等于以后不会发现。时间长了说不定就会出现了，怎么办？

生1：有没有安全隐患要听科学家的，大多数科学家都认为转基因食品是安全的。

生2：真的吗？我怎么听说也有一些科学家认为转基因食品存在安全隐患呢，真理有时掌握在少数人手里。

师：好了，看看，你们不是争起来了吗？我把你们的观点归纳一下，你们中一个人认为转基因食品有很多好处，应该大力发展；另一个人的观点是转基因食品可能存在安全隐患，应该限制发展，对不对？

生1、生2：（点头）对！

师：好，（对生1）你的理由是，转基因食品有很多好处，比如抗虫、防病、提高产量、改善品质等，是不是？

生1：是！

师：（对生2）你认为转基因食品对人体是否安全不能确定，存在安全隐患，对不对？

生2：对！

师：老师还可以给你提供一点新证据，比如反对转基因的人还有一个理由，就是种植转基因作物容易被种子公司垄断，可能涉及国家安全。比如世界上大部分转基因大米的种子都是由美国的一家叫孟山都的种子公司提供的，而且这种转基因大米不能再繁殖，一次只能种一季，必须不断向孟山都公司买新种子，这样就等于把国家粮食生产的命脉交到别人手里了，一旦孟山都公司哪一天对中国实行种子断供，中国马上就会面临全国性的粮食危机，这种说法是否符合事实老师没有考证，如果真有这种情况，这个理由是否充分？

生2：充分！

生1：老师，难道因为这样我们就不发展转基因食品了吗？

师：别着急，让我们一步一步来分析。我先问你（对生1），刚才他提供的理由有没有合理性？比如转基因食品可能存在安全隐患，无论是对个人安全还是国家安全？

生1：有一定道理。

师：（对生2）他说的转基因食品有很多优点，是不是事实？

生2：是事实。

师：好了，既然你们都认为对方的观点有合理的一面，都有支持的理据，那怎样才能把两种观点整合起来呢？比如，如果你是国家领导人，听到这两种意见，你会怎么办？

生1、生2：不知道。

师：我问你们，你们这两种观点是截然对立的吗？

生1：是的。

师：社会上支持转基因的人以哪些人居多？反对转基因的人又以哪些人居多？

生2：我觉得支持转基因的大多是生物科学领域的科学家，反对转基因的以普通大众和崔永元这样的媒体人为主。

师：是的，这说明什么呢？说明立场不同，我们看问题的角度也会不同。科学家群体因为研究和专业发展的需要，也出于对自己专业知识的自信，大多支持发展转基因食品；普通老百姓和代表他们的媒体则从自身的安全出发，更倾向于限制转基因食品发展；还有另外一些专业人士则从关注国家安全的角度反对大力推广转基因食品。对立的原因与各自的立场和利益有关。

生2：老师，其实我觉得这两种观点也不是不可以调和的，比如科学家你想做转基因的试验尽管去做就是了，但如果要让大家都吃你的转基因食品则要慎重，因为这涉及伦理和知情权等问题。

师：非常好！你这里就已经有包容性思维的特征在了，你给两个主张加了限定条件，比如，对以科学家群体为主的支持转基因的观点，你加了可以做实验的具体条件，在试验条件下，可以大力发展转基因食品的相关研究；但对于大面积种植与推广并投入市场，则须权衡利弊，慎重考虑了。这里其实已不是对立关系，而是平行关系了，科学研究与市场推广是两回事，可以采用不同的策略。

生1：可是，老师，很多科学家其实不仅仅要求进行试验研究，而是希望大力推广转基因食品，并且成为一项国家战略。对这种要求又应该如何处理呢？

师：如果将转基因食品大规模投入市场，这就不仅仅是科学研究的问题了，而涉及千千万万人的切身利益，就不是生物科学家一家能说了算的了。我们还需要听取其他领域的专家的意见，还要听取公众的意见，保障公众的知情权。这里其实还可以继续拆分，比如，有一些转基因食品已经经过很长时间的研究，大家已经吃过很多年了，没有发现明显的安全问题，对这一类转基因食品可以大规模生产和投入市场，只需在购买时注明是转基因食品，让公众知情就可以了；但对一些新的转基因食品，或者对国家安全公众利益影响较大的转基因食品，则必须限制大规模生产，同时大力开展我们自己的研究与试验，直到确保安全为止。

生2：如果大家都这样理性思考就好了。

师：这就是包容性思考。现在我们回过头来看崔永元与复旦教授的争论，他们采取的是一种什么样的思考方法？

生1：老师，我觉得他们采取的是一种论辩式的思考方法，甚至是诡辩式思维。

师：是的，这种思维以输赢为主要目的，往往是攻其一点、不及其余，容易以偏概全、走向极端。而包容性思考主张发现不同观点中的合理的一面，然后通过合理的修饰，增加限定条件，将不同的观点中的合理的一面整合起来，形成一个统一的观点。

生2：老师，包容性思维是不是类似于我们古代的中庸之道。

师：其实不完全一样，中庸之道的意思是不走极端，在两种相反和对立的观点中取一种中间的观点。这种思维方式还是一种线性思维，它把矛盾的观点摆在一维空间里思考，这样就没办法调和，只能折中、妥协；包容性思维也反对极端，反对非白即黑的思维方式，这一点与中庸之道有相似之处；但包容性思维主张立体地看问题，把不同观点放在二维甚至三维空间里去思考，这样，原来以为矛盾和对立的事情，在立体空间里看其实是既不矛盾也不对立的，而是可以彼此错开，交叉成立的，这里并不需要哪一方妥协或者折中，只需要找出能让某种观点成立的条件和空间就可以了。比如，刚才我们谈到的关于转基因的两种观点，如果放在一维空间里，那就只有支持或反对这两种选择；如果我们把转基因拆分为研究与投入市场这两方面，这就是在二维空间进行思考了；如果再加上时间因素，比如有些转基因已经很长时间了，没有发现有害；有些刚转，有没有害还不清楚，区分这些不同情况，在不同时期采取不同策略，这就进入三维思考空间了，这时我们发现原来的矛盾和对立都不存在了。

生1：老师，那包容性思维与批判性思维又有什么不同呢？

师：包容性思维与批判性思维既有相同之处也有不同之处。相同的地方是它们都主张理性分析，讲求证据，辩证地看问题；不同的地方有很多，批判性思维是从质疑开始的，然后通过求证，最后做出分析与判断；而包容性思维是从肯定开始的，也就是先要找出各种观点的合理的一面，再找出让各种观点能够成立的限定条件和合理空间，最后将不同的观点统一起来，形成一个共同的观点。包容性思维包含五个基本步骤。（展示图12-1）

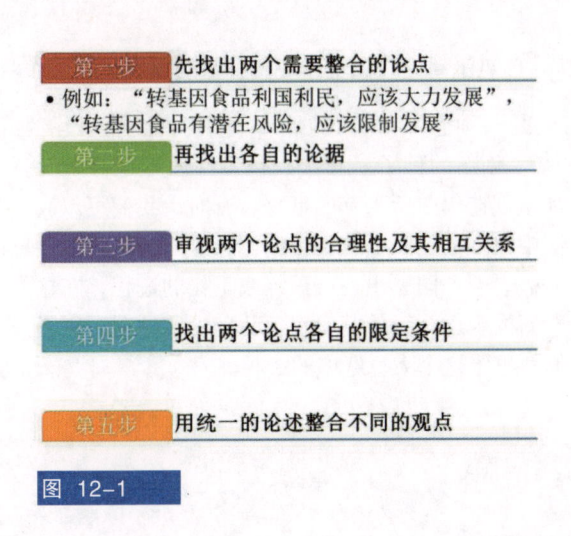

第一步	先找出两个需要整合的论点

- 例如："转基因食品利国利民，应该大力发展"，"转基因食品有潜在风险，应该限制发展"

第二步	再找出各自的论据

第三步	审视两个论点的合理性及其相互关系

第四步	找出两个论点各自的限定条件

第五步	用统一的论述整合不同的观点

图 12-1

大家如果想进一步了解包容性思维，可以参看我的一本专著《碎片与重构：互联网思维重塑大教育》，如图12-2所示。这本书用了整整一章的内容阐述包容性思维，包括它的定义、具体方法和案例，两种观点的六种相互关系及其处理这些关系的原则，包容性思维与其他思维方式的异同点，包容性思维的价值和意义等。

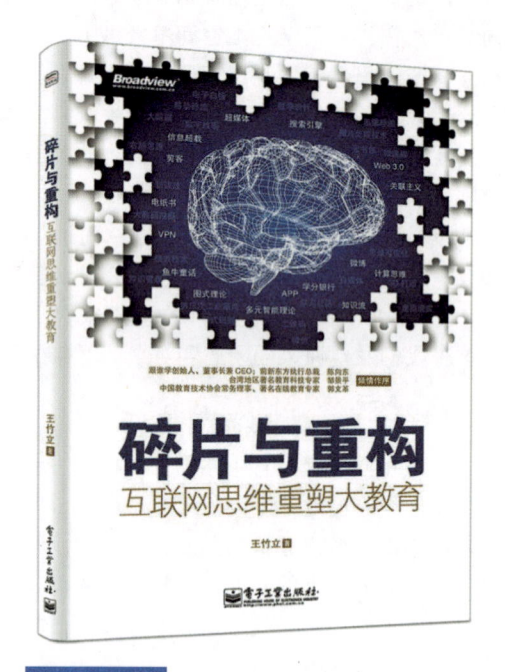

图 12-2

生2：老师，您讲的包容性思维与创新思维是一种什么关系呢？

师：包容性思维本身就是一种思维方法的创新，这种方法前人没有提出过，老师首次提出来就是一个创新的例子。其次，包容性思维也会激发新创意。我们知道，创新并不都是创造出前所未有的事物，有时，我们可以通过对已有事物的重组创新。生活中大多数创新都属于重组创新这一类。包容性思维就是一种对不同观点、不同概念、不同思想进行重组或重构的过程，在这一过程中可以产生出新的思想、新的观念、新的概念、新的理论，这就是创新。因此，包容性思维可以视为创新思维这个大家庭中的一种。

生2：明白了。

课后阅读1　包容性思维的补充资料

包容性思维（Inclusiveness Thinking）是我在《新建构主义：网络时代的学习理论》论文中首次提出的一种全新的思维方法，是指将一些看似互不关联、甚至互相矛盾的思想、观点、理论经过一定的加工改造，使之互相兼容、有机组合、融为一体的思维方法。具体做法是："在一种理论或观点前加上一个定语、修饰词或限定条件，使之能与另一种理论或观点和平共处、互为补充"。

如前所述，论辩式思维强调以质疑和批判精神，从负面思考他人观点中不正确、不科学、不合逻辑和自相矛盾之处，但容易产生攻其一点、不及其余的毛病，导致对他人观点的全面否定，看不到他人观点中的合理部分。平行思维则是为了避免出现论辩式思维中常常出现的思维对立现象，主张大家同时朝一个方向思考；为了减少思维的片面性，又要求大家同时变换不同的思考角度与方向，这样既避免了思想冲突，又可以对某一事物、观点、理论等进行全方位思考。但这种思维方法往往只是将各种不同观点罗列出来，并没有给出如何整合不同观点的方法。包容性思维主张从正面思考各种不同的观点，为不同的观点加上合适的定语和修饰词，以便将它们整合在一起。

网络时代的学习面临碎片化与信息超载两大挑战。为了应对网络时代知识碎片化、时间碎片化、学习碎片化趋势，人们将各种事物化整为零，其典型表现是各种以"微"命名的新事物犹如雨后春笋一般应运而生，如微信、微博、微访谈、微杂志、微课程、微学分等。然而化整为零之后又带来新的问题，那就是如何将这些信息与知识的碎片整合起来？如何才能让它们发挥效用？因为仅仅拥有信息与知识的碎片并不能有效地解决问题，何况在这些信息与知识碎片之间，还充满了矛盾、冲突、交叉、重复、模糊不清等错综复杂的关系。如何将这些看似矛盾、冲突、交叉、重复、模糊不清的碎片，重构出新的、个性化的知识结构和体系，促进知识与学习的创新，是摆在我们面前的迫切需要解决的难题。信息超载带来的大脑负荷增加同样严重地困扰着我们，怎样才能将庞大的、杂乱的信息根据个人的兴趣和需要进行分类整理、打包压缩成清晰的结构化体系，也是一个十分重要的问题。解决这些问题，不仅需要一系列的方法和策略，还需要一种全新的思维方法。包容性思维就是一种这样的方法。

在包容性思考中，可能要考虑六种关系，对于不同的关系需要有不同的整合法则，这里只做简要介绍，具体例子请参考拙著《碎片与重构：互联网思维重塑大教育》。

假设有两种观点或认知碎片，一种为A，一种为B，两者可能有以下六种关系。

（一）对立关系。这种关系由双方立场或视角不同所致。只要弄清彼此的立场或视角，则两种观点都可成立。用数学公式可表示为：A=-B或B=-A，其中"-"号表示立场或视角的转变，如图12-3所示。

1. 对立关系

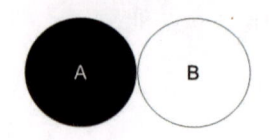

$$A = -B，或 B = -A$$

图 12-3

处理对立关系的基本法则是：努力超越原有的立场与视角，以一种更超然更宽阔的视角理性看待问题，找到观点背后的立场、视角和动机等，并将每一种观点背后的立场、视角、动机等揭示出来，然后一一呈现。

（二）平行关系。这种关系表示观点A和观点B代表了不同领域、不同范畴或不同方面，两者可以共存，并不对立或矛盾。用公式表示为：A+B=C，其中C表示A和B各自所代表的领域或范畴之和，如图12-4所示。

2. 平行关系

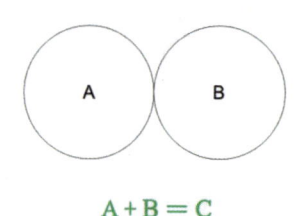

$$A+B=C$$

图 12-4

处理平行关系的基本法则是：对原来以为是一个整体的事物，进行细致地拆分，从而让两个平行的认知观点能够与事物的相应部分一一对应，找到其可以合理存在或有效应用的空间。

（三）包含关系。一种观点或概念所代表的范围较大，可以包含另一种观点或概念。用公式表示为：A-B=C或B-A=C，其中C为A或B中超出对方的部分，如图12-5所示。

3. 包含关系

A-B=C，或B+C=A

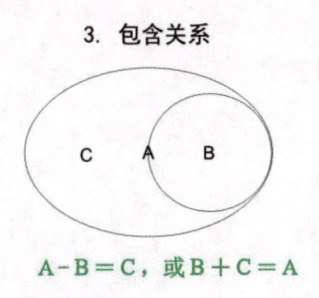

图 12-5

辨识包含关系的基本法则是，找出两个或两个以上的概念最核心的内涵，如果一个概念最核心的内涵能涵盖另一个概念，而另一个概念不能反过来涵盖这个概念，那么两者之间就具有包含关系。

（四）交叉关系。这种关系中，A和B中各有一部分与对方交叉重叠。可用公式A+B-D=C表示，其中D代表交叉重叠的部分，C代表A和B实际所占有的领域范围，如图12-6所示。

4. 交叉关系

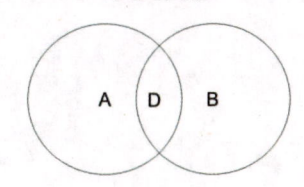

A+B-D=C，
其中D代表交叉重叠的部分

图 12-6

辨识交叉关系的基本法则是：如果两个概念互相重叠，但其中任意一个概念都不能将另一个概念全部包含在内，那么就属于交叉关系。

（五）类比关系。如果两个事物属于完全不同的领域，但两者在很多方面有相同或相似之处，那么它们就构成类比关系。类比关系往往能够激发创新思维,有利于知识创新。用数学公式表示就是:A∽B,如图12-7所示。

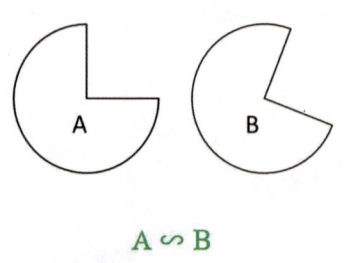

5. 类比关系

图 12-7

运用类比关系的基本法则是:努力发现两个事物之间的相似之处,然后从一个相对熟悉的事物的变化规律中发现另一个相似事物的变化规律,并用明喻和暗喻的方法阐释这一规律。

(六)多重关系。有时两种事物之间可能不只存在一种关系,而有两种或两种以上的关系。包容性思考允许某种程度的模糊、重叠现象的存在,如图12-8所示。

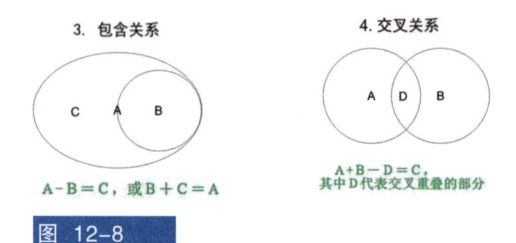

6. 多重关系

3. 包含关系　　4. 交叉关系

A-B=C,或B+C=A

A+B-D=C,
其中D代表交叉重叠的部分

图 12-8

包容性思考是一种把信息与知识碎片整合在一起的思维方法。过去,知识是由权威专家、权威媒体提供的,是高度结构化的;网络时代,学习领域出现了"去中心化"现象。信息和知识不再单独由专家和权威媒体发布,众多的网友都成为信息与知识的来源。我们接触到的信息与知识海量增长,并不断呈现碎片化、低质化倾向,需要用一种全新的思维方法将"碎片"统一起来,使之各安其位、和平共处,共同组成一个完整的立体化的知识体系。包容性思考仿佛一种思维"黏合剂",把不同的思想、观点、理论、知识、信息"碎片"黏合成一个整体,追求一种"集大成"式的思维成果。同时,原本混沌、杂乱的信息与知识,被重组为一个结构化体系,会缩小在大脑内存储中所占的空间,降低信息过多带来的认知负荷。这就好比一堵砌好的墙比一堆乱堆乱放的砖块所占空间要小一样。更何况这种结构化体系,还可以通过命名的方法进一步缩小存储空间,方便必要时提取相关信息,有利于应对信息超载的挑战。

包容性思考法还是一种看待事物的信仰和态度,它主张从正面发掘一切观点中的"合理内核",将所有的观点"包容"在一起。它既不夸大矛盾,也不回避矛盾,认为各种观念都有其"合理的一面",只有把所有这些"合理的一面"有机结合起来,才能构成对世界的完整认知。它容许一定程度的交叉、重叠与模糊,承认由于立场的不同会有不同的观点,主张换位思考;不赞同"非白即黑"的思维方式,主张多元与包容,认为世界本是一个混沌体,真理是相对的,而不是绝对的,任何具体的真理只在一定的时空条件下才能成立。因此,它也是一种化解矛盾与冲突的良性思维方法。

如果说批判性思维长于分清事实、辨明是非,平行思维长于做出决策、激发创意,那么包容性思维则长于整合碎片、统一观点。正因为如此,包容性思考将不仅在知识建构过程中发挥巨大作用,而且将在社会、政治、经济、文化等各个领域发挥作用。

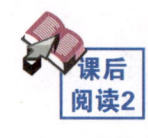

课后阅读2　从盲人摸象到包容性思维

"盲人摸象"典故出自《大般涅盘经》。原文是这样的："尔时大王，即唤众盲各各问言：'汝见象耶？'众盲各言：'我已得见。'王言：'象为何类？'其触牙者即言象形如芦菔根，其触耳者言象如箕，其触头者言象如石，其触鼻者言象如杵，其触脚者言象如木臼，其触脊者言象如床，其触腹者言象如瓮，其触尾者言象如绳。"

原文比较难懂，有人将它改编为现代白话文的故事，虽然不是原文的直译，但意思是一样的：从前，有四个盲人很想知道大象是什么样子，可他们看不见，只好用手摸。胖盲人先摸到了大象的牙齿，他就说："我知道了，大象就像一个又大、又粗、又光滑的大萝卜。"高个子盲人摸到的是大象的耳朵，"不对，不对，大象明明是一把大蒲扇嘛！"他大叫起来。"你们净瞎说，大象只是根大柱子。"原来矮个子盲人摸到了大象的腿。而那位年老的盲人呢，却嘟囔："唉，大象哪有那么大，它只不过是一根草绳。"原来他摸到的是大象的尾巴。四个盲人争吵不休，都说自己摸到的才是大象真正的样子。而实际上呢？他们一个也没说对。后以"盲人摸象"比喻看问题如果局限于个体经验，往往容易以偏概全。

生活中我们大多数人都不是盲人，但有时我们看待问题也会出现盲人摸象的误区。心理学研究发现，每个人看待世界时都会带着一个相对固定的心智模式，也就是说，我们都是用一种习惯性思维和方式来看待事物的。每个人都戴着一副有色眼镜。这副有色眼镜的形成与个人的生活经历、学习经历、时代环境、立场、个性、价值观等复杂因素有关。对待简单事物或自然界的客观事物，大家的认知差异可能还不会太大，也相对容易达成共识；而对于人文社会科学领域的事物认知，则可能是天壤之别了。

鲁迅曾有一段非常精辟的名言："一部《红楼梦》，经学家看到了《易》，道学家看到了淫，才子看到缠绵，革命家看到了排满，流言家看到了宫闱秘事……"你看这不是典型的盲人摸象吗？红楼梦的文字每个人看到的都是一样的，但每个人从这些一模一样的文字中看到的却是很不相同的事物，难怪有人说"一千个读者心目中就有一千个哈姆雷特"。

建构主义理论也可以从另一个角度对这种现象做出解释：人对事物的认识是主客观互相作用的结果，而不仅仅是对客观事物的直接反应。人都是在原有认知基础上完成对客观事物的意义建构的。而原有认知基础受个人经历、心理特征、教育背景、动机需求等多种因素的影响。

那么，到底什么才是事物的真相或者全貌呢？既然我们每个人看到的都只是事物的一方面，都带有各自的偏见和片面性，如何才能获得更接近事物真相的认知？包容性思维可以帮助你做到这一点。

包容性思维基于这样的信念：任何思想观点都有合理的部分，也有不合理的部分，也就是既有真理性（客观性）的一面，也有片面性（主观性）的一面。要想获得对事物全貌或真相的认知，就必须将这些合理的（客观的）部分进行有机整合，剔除不合理的（主观的）部分。就像盲人摸象一样，如果每个盲人都不固持己见，而是将每个人的见解有机组合在一起，就有可能勾画出大象的全貌。关键是要把每个人摸到的部分放在最适合它们的部位。这不是和稀泥，而是试图认知复杂事物全貌的一种有效途径。

人类社会纷争不断，动不动就争论不休，党同伐异，思维对立现象比比皆是，而且并没有因为争论而缩小彼此之间的差距，所谓的"真理越辩越明"只是一种良好的愿景。每个人都站在各自的立场上批评对方有偏见，却不知自己也有偏见。其根源与大多数人所秉持的思维方式有关，这种思维方式是批判性的、辩论式的，批判的矛头始终对着对方，而从不对准自己，所以很难消除歧见，达成共识。

也许有人会说，人类本来就是分成不同的群体、阶级、国家、种族，大家各自站在自己的立场上说话，为自己所属的群体、阶级、国家、种族争取利益的最大化，有错吗？包容性思维是不是要大家放弃各自的立场，搞所谓的世界大同？其实，包容性思维不是让人类放弃各自的立场和利益，而是让人类可以更接近事物的本质与客观规律，从而采取更理性的立场、观点和方法，进而为自己的所属群体求得更大的利益与生存空间。事物发展有其自身的规律，完全不会以个人、群体的意愿为转移，因此，无论哪一个人，或哪一个群体对事物本质和规律的判断更接近事实和真相，就能获得更有利的地位和结果。同时包容性思维也有助于加深对他人或其他群体的认知和理解，从而为达成共识、寻求和解与实现双赢创造条件。

课后阅读3　先批判，后包容

笔者阐述包容性思维的论文在杂志上发表的时候，有一个幕后故事。主编把两位评审专家的意见发给了我，其中一位比较中立，提出了一些参考意见，建议加上一些与相关理论关系的讨论，这些意见我都能接受；另一篇则让我产生了较强烈的情绪反弹，因为那个意见用尖刻的语言把我的论文贬得一钱不值，但仅仅举出了几个细节的问题作为证据。

我立即给主编回信，在邮件中对那位评审专家的意见逐一反驳，并认为该评审专家有较深的偏见，不足采信。主编看到后立即回复我，说王老师你不要生气，这不代表本编辑部的意见，仅供你参考。这时候我也冷静下来，心里有些惭愧，我自己说要包容性思维，结果我前面的反应还是论辩式思维。

包容性思维主张任何观点（哪怕看上去是极端的观点）都有其合理的部分，只要加上合适的条件和限定，都可能成立。极端的观点在极端的情境下也可能成立。每一个个人的观点都可能有合理的部分与不合理的部分，只有把所有观点的合理部分有机组合起来（当然不等于简单相加），才能反映事物的全貌。因此，在讨论或辩论过程中，要努力寻找对方观点中的合理部分加以吸收，而不能够攻其一点不及其余，以偏概全面否定。

从这个理念出发，我又对那份评审意见进行重新审视。那位评审专家的思维方式显然也是论辩式的，但透过一些极端、偏颇的用词，我发现其中还是有一些可取之处。比如，他指出的我对一些概念的论述，确实存在争议之处；有些地方是由于我在文章中表述不够清晰容易导致读者误解；有些方面还可以进一步深入阐释。于是，我又针对两位评审专家的意见对文章进行了修改，对原来的争议之处进行分析讨论，对误解进行必要的澄清，对需要加强论述的地方进行补充论述。最终杂志社发表了我修改过的论文。

这件事引起了我的反思。我发现人们在面对自己的观念被质疑和挑战时，第一个反应是论辩式的，想要反驳。这个阶段就是思维的快反应阶段，往往出自本能而非理性。因为应对挑战、规避风险是动物的一种生理本能，在思维领域也一样。看到反对自己的意见，就立刻预感到一种危机，心跳加快、血压上升，极端的时候甚至会毛发耸立，思想高度紧张，提起全部精力准备反击。只有过一段时间后，才会冷静下来，这时理性开始占据上风，开始分析、反思、评估，这是思维的慢反应阶段。但由于人类都有一个相对固定的心智模式，不容易改变，所以最终可能仍会选择自我维护，只是这时候的反应会更理性一些。

包容性思维强调应该努力寻找对方观点中的合理部分，就是为了帮助我们突破思维定势的局限，打开心智枷锁，以开放的心态接受不同意见。把不同意见中的合理部分吸收进来，有助于修改和完善自己的观点，使之更接近事物的本质与真相，做出正确的判断与预测。而不是像通常那样，总是在对自己原有的观念进行自我强化、自我验证。

先批判、后包容似乎是一个普遍的规律。闻过则喜的圣人其实是没有的，有的只是经过理性思考后的包容。现在我不太喜欢在微信群或网络论坛里去与人辩论，也不喜欢面对面地辩论。因为在那种情境下，人们总是一句紧接着一句进行对话，这种对话往往由于时间和情境的限制，来不及周密思考，也不能写（或说）得太长，容易因表述不清导致误解，而误解又会引发本能与情绪性的快反应，从而使误解进一步加深，无助于达成共识。所以我总是希望大家能通过写文章来进行辩论，因为写文章需要一个较长时间的思考过程，在这个过程中快反应模式已经转变为慢反应模式，理性开始起主导作用。而且写文章要讲究逻辑，这就要求你对对方的观点进行全面分析，对自己的观点进行细致梳理，才能发现其中相同或相左之处。经过这样一个过程，有时原本是反对对方意见的，结果发现对方其实说得有道理，至少不是原本想象的那么简单。于是，也就放弃了反击，即使反击也会更有针对性。有时，虽然表面上论战没有结果，但实际上共识已经产生了。

课后阅读4　屈原该不该被纪念？

端午节一般被认为是纪念伟大的爱国主义诗人屈原的节日，划龙舟和吃粽子起源于当年民众划船向水里扔饭团引开鱼儿以免它们伤害屈原的遗体。但在网上也有不同的声音。有人认为秦灭六国是统一国家的正义之战，屈原试图保卫楚国抵抗秦国是对抗统一的分裂之举，不应该被纪念。虽然多数人未必赞同这一看法，但似乎也提不出有力的反驳意见。尤其在当下反对台独、藏独、疆独、港独的大背景下，更是如此。

我认为对这一争论不宜回避，而应正面回应。但对这个问题到底该如何看，写到这里我也还没有想清楚，只是想通过自己提出的包容性思考法做一个尝试。

下面我就按照包容性思维的五个步骤进行思考。

第一步，找出两个需要整合的论点。

论点1：屈原是伟大的爱国主义诗人，应该纪念。

论点2：屈原是反对统一，主张分裂，逆潮流而动的人物，不值得纪念。

第二步，再找出各自的论据。

论点1的支持证据有：

（1）屈原生于楚国，是楚国人，热爱自己的国家，反对祖国被他国吞并，理所应当。

（2）屈原品德高尚，忧国忧民；才华横溢，是历史上伟大的诗人。

（3）屈原只是反对楚国被秦国吞并，并不是反对中华民族的统一，他主张楚国富国强兵，也是为楚国统一天下做准备。

（4）屈原遭小人陷害，令人同情，纪念他可以弘扬正义，抑恶扬善。

论点2的支持证据有：

（1）春秋战国时期，诸侯之间争战不已，人民深受其苦，统一是大势所趋，符合大多数民意。秦国最强，最具有统一中国的实力，由秦国统一天下，是历史必然。屈原反对秦国统一战争，是螳臂当车，自不量力。

（2）当前台独、藏独、疆独、港独势力猖獗，纪念屈原容易给分裂势力制造口实。

第三步，审视两个论点的合理性及其相互关系。

论点1的4项支持证据都基本具有合理性。但站在统一的立场或秦国的立场，对证据1和3会有不同看法。

论点2的支持证据1有部分合理性，但也有不尽合理之处。比如当时各国都想统一天下，到底由哪国统一有一定的偶然性。试想若楚国采纳屈原等人主张富国强兵，未必就一定不能由楚国统一天下；证据2的担忧虽有一定的可能性，但也不必过于担忧，台独、藏独、疆独、港独若以屈原为借口并不能站住脚，因为当时楚国秦国都是各自平等与独立的国家，周朝已名存实亡，秦灭六国并不天然具有法理上的正当性，而是实力使然。而台湾、西藏、新疆、香港都不是独立国家，历史上都是中国的一部分，所以不能说屈原是在闹分裂，而台独、藏独、疆独、港独则是在闹分裂，而且不具备法理上的正当性，两者性质是不一样的。

再者，国家之间历史上分分合合，也是一种常态，不能用今天国家疆域范围来苛求古人。评价一个人要看当时的具体情况。真理是相对的而不是绝对的。爱国、爱家乡不仅是中华民族共同的文化传统与价值追求，也符合当今世界各国大多数人的价值观。若否定屈原的爱国主义，那么岳飞、文天祥们的爱国主义就都不能肯定了。即使未来世界大同，统一为一个国家，各国历史上的爱国主义仍然值得肯定。

两个论点的相互关系属于对立关系，对立的原因在于各自的视角不同。

第四步，找出两个论点各自的限定条件。

论点1得以完全成立的前提和限定条件是，屈原的爱国主义精神不能像历史上那样局限于一时一地一族，不能作为分裂的借口，而应上升到整个中华民族共同的精神财富才能成立。

论点2成立的前提和限定条件是，只有在屈原精神被曲解和利用的情况下，论点2才能成立。

第五步，用统一的论述整合不同的观点。

屈原是历史上楚国的伟大爱国者和诗人。他人格高尚，忧国忧民，才华横溢，诗作传世。可惜生不逢时，遭小人陷害，最后自沉汨罗江而死，令人惋惜。屈原个人的悲剧，既有时代的大背景，也有其个人与个性等方面的原因。今天屈原的爱国主义精神与传世诗作已成为中华民族共同的精神财富，值得世世代代纪念下去。屈原的个人悲剧也提醒我们应该认清时代的发展大势，克服个人局限性。

课后练习 动动笔

一、单选题

1. 包容性思维的长处主要是什么？

   A. 明辨是非、做出评判
   B. 避免冲突、多元思考
   C. 整合歧见、统一认识
   D. 折中妥协、不偏不倚

2. 关于包容性思维与批判性思维的异同，下列哪一项是不正确的？

   A. 包容性思维从肯定合理部分开始，批判性思维从质疑开始
   B. 包容性思维与批判性思维都强调逻辑与证据
   C. 包容性思维容易变成是非不分
   D. 批判性思维有可能滑向论辩式思维

二、判断题（请在下面的句子后面的括号内打✔或打✘）

1. 包容性思维认为任何观点都有合理的一面，在某种限定条件下可以成立（　）

2. 包容性思维主张把不同的观点放在一个三维立体空间里思考（　）

3. 包容性思维认为由于立场、观点、价值观的不同会存在不同甚至对立的观点（　）

4. 包容性思维要求人放弃自己原有的立场（　）

三、思考题

1. 中国古代有很多看似互相矛盾的成语，如"众人拾柴火焰高"，强调人多力量大；但也有"三个和尚没水吃"，说明人多反而办不成事，试用包容性思维整合这类不同观点。

2. 木桶原理认为：木桶内水的高度不取决于最长的那块木板，而取决于最短的那块木板。要让桶多装水，只能加长短板。人也是如此，要想有更大成就，必须加强自己的弱项。但田忌赛马的典故告诉人们：要想在竞争中取胜，必须扬长避短。人生到底应该补齐短板还是扬长避短？请用包容性思维整合这两种观点。

第十三讲
创新人格

（场景同前）

师：同学们好！今天我们谈谈创新性人才具有哪些人格特质，请看题板（如表13-1所示）。这里有28个形容词，请你们从其中选择适合描述自己的词。

表13-1

有能力的	谨慎的	好色的
易受别人影响的	有洞察力的	有礼貌的
兴趣狭窄的	理智的	势利的
聪明的	兴趣广泛的	多疑的
有信心的	有发明精神的	不拘礼节的
自我中心的	保守的	抱怨的
幽默的	有独创性的	自信的
个人主义的	沉思的	顺从的
忠诚的	老实的	随机应变的
平凡的		

生1：老师，我选好了。

生2：老师，我也选好了。

师：好，现在我们来看看答案。（如表13-2和表13-3所示）

表13-2

有能力的	有洞察力的	好色的
聪明的	理智的	势利的
有信心的	兴趣广泛的	不拘礼节的
自我中心的	有发明精神的	自信的
幽默的	有独创性的	随机应变的
个人主义的	沉思的	

表13-3

易受别人影响的	谨慎的	兴趣狭窄的
保守的	平凡的	老实的
忠诚的	有礼貌的	抱怨的
多疑的	顺从的	

这个测试方法叫"形容词检查单",是由社会学家高夫发明的,他对不同领域的1 700多人进行研究发现,有一些形容词与创造力是正相关关系,有一些形容词是负相关关系,你们可以对照一下,看看你们选择的形容词中是正相关的词多,还是负相关的词多,就可以对自己的创造力强弱有一个初步了解。

生1：老师,为什么"好色的""势利的"这些在我们看来是负面的词,反而与创造力正相关,而"忠诚的""老实的"这些正面的词与创造力是负相关呢？

师：这份表格是检查个性特征与创造力强弱关系的,不是道德评价,你刚才是从道德的角度来判断的,两者不一定完全吻合。当然,这种调查表也仅供参考,不是唯一评价标准。对一个人创造力的评价方法很多,各有侧重,很难说哪一种更可靠。大家不要受它的影响,关键要塑造我们的创新人格。

生2：老师,您能不能跟我们谈一谈,您认为什么样的人最有创造力？

师：好的,我认为创造力人人都有,关键是有些人的创造力被遮蔽了,有些人的创造力则被激发出来了。我认为有创造力的人有这么一些特点,第一个特点就是要有强烈的创新意识。

生1：创新意识？

师：是的,创新意识就是不愿遵循常规、喜欢标新立异、喜欢挑战、不断追求新的解决办法的意识。大家知道爱迪生是举世闻名的大发明家,他保持着发明最多的世界纪录。爱迪生是怎样做到这些的呢？仅仅是因为他是天才吗？是因为每天都有无数灵感自动自发地涌到他的头脑中吗？不是！他之所以能做出如此多的贡献,主要是因为他有强烈的创新意识。爱迪生知道,好的灵感不会自动出现,所以他给自己和助手安排了灵感定额：每十天必须有一个小发明,每六个月必须有一个大发明。正是由于这种带强制性的发明定额,使得他和他的团队一刻也不敢懈怠,一刻也没有停止思考,而是刻意求新求异。无数经验证明,灵感大多是在长时间苦苦思考之后才突然涌现出来的。山重水复疑无路,柳暗花明又一村。不走到山重水复无路可行的地步,怎么会突然看到柳暗花明豁然开朗的新天地呢？

生1：也就是说创新要靠自己逼自己？

师：从某种意义上说，是这样的。印度有一个哲人说过：多一点点创新的态度，就是创造力。我们有很多人不是不知道创新的重要性，也不是没有创新的意愿，而是缺乏创新的决心与意志。他们满足于"我也想创新"，而不是"我一定要创新"。这就是有创造力的人与缺少创造力的人重要的区别之一。我听说国外有家公司为了培养员工的创新精神，要求员工每次从公司回家都采用不同的方式。一开始，员工可能选择坐车、走路、骑自行车等方式回去，后来方法都用完了，只有倒着走回去。总之，一定要尽可能求新求异。

生2：老师，那第二个特点是什么？

师：自信！有创造力的人大多是很有主见的人，主见来自对自己的独立思考的自信。自信是创新的第一步。有了自信，你才会敢想敢做，而不是畏首畏尾。但自信又不等于刚愎自用，真正自信的人思想很开放，乐于接受他人意见，但最后的决定或判断一定由自己做出，而不是依赖别人。自信的人不会轻易受人左右。有一次我讲完创新思维课后，一位学生给我写过一封电子邮件，说自己虽然平时学习很努力，成绩也还不错，但感觉自己没有多少创造力，一遇到新问题就不知所措，感到很苦恼，问我怎么办？我告诉他，首先要建立自信，要相信自己有创造力。

生2：老师，我也有这个问题。怎样才能培养自己的自信呢？

师：要学会扬长避短。一个人的自信不会凭空而来，一定是有平时的成功经历作为心理基础的。要成功靠什么？光靠埋头苦干行吗？不行！还要靠扬长避短，以自己的长处跟他人的短处去比，才能显出你自己的不平凡来。如果你老是用自己不擅长的一面去跟别人擅长的一面比，只会越来越没有自信。

生2：老师，我没发现自己有什么长处呀？

师：那只是你暂时还没有发现而已，每个人都有长处，也有短处。每个人都是一样的，关键是你要发现自己的长处，发现自己长处的办法是，不要老盯着大家都注意的一面，比如成绩、考试分数，等等，要看到别人不太注意的那一面，比如动手能力、人际关系，甚至在某些生僻的领域的特长等。你可以问自己，什么事情你感觉做起来很容易，而别人却认为不那么容易？什么事情你做起来又快又好，别人却做得不那么快、不那么好呢？这个方面很可能就是你的优势所在。你要尽可能让自己的优势发挥到最大，而自己不擅长的地方则应尽量回避，这样你的自信就会越来越强。还记得那个著名的田忌赛马的典故吗？孙膑让大将军田忌用上等马去对齐王的中等马，用中等马去对齐王的下等马，用下等马去对齐王的上等马，才取得三局两胜的。

生1：老师，有了自信就行了吗？

师：当然，光有自信还不够，但自信是创新的第一步。国外有人做过研究，发现越是相信自己有创造力的人就越容易表现出创造力，越是认为自己没有创造力的人就越少表现出创造力。说你行，你就行，不行也行；说不行，就不行，行也不行。

生2：老师，您觉得创造力是可以培养的吗？

师：当然可以！实事求是地说，创造力有先天的部分，也有后天培养或者激发的部分。我们每个人都有创造力，但创造力的大小可能不同，如果我们善于激发它，可能把我们天赋中富于创造的那部分能力开发得很充分；如果我们没有这个意识，不去激发它，即使我们原本有那种能力，也可能发挥不了作用，处于沉睡状态。还有，我们每个人的创造力可能表现的领域不同，有的在这个领域有创造力，在另一个领域则没有表现出创造力。

生2：第三个特点是什么？

师：敢于冒险、不怕失败。有创造力的人都喜欢尝试新事物，但要尝试就免不了会有失败，有些人一遇到失败就气馁，有创造力的人不认为失败是失败，而认为失败只是让我发现这条路走不通，这个方法不可行，仅此而已，下次我再走一条新路就可以了。据说爱迪生为了找到一种适合做灯丝的材料，试验了一千多次，最后才找到合适的材料，有人说他失败了那么多次是不是代价太大了，爱迪生回答：我没有失败呀，谁说我失败了一千多次？我发现了一千多种材料不适合做灯丝呀。这就是有创造力的人看待失败的视角。

生1：老师，有创造力的人还有哪些特点？

师：第四个特点就是有好奇心，兴趣广泛，也可以说童心未泯，凡事都喜欢刨根问底。对自己专业以外的事情也感兴趣，常常会把在其他领域中获得的启发移植到另一个领域。用现在的说法，就是喜欢跨界。

第五个特点就是有个性、内心充满激情。有创造力的人大多个性鲜明，他们中的有些人不那么善于处理人际关系，做起事来比较专注、投入，显得有点不拘小节。你们知道，有些天才的艺术家，给人的第一印象往往有些怪，有些甚至有极端行为，比如梵高曾经把自己的耳朵都割掉了。如果你们在生活中看到这样的人，要对他们多一点宽容。因为激情与个性对于创新非常重要。当然并不是所有创造力强的人都这样。乔布斯有一句话说得很好，一起来看题板，如图13-1所示。

"向那些疯狂、特立独行、想法与众不同的家伙们致敬。或许他们在一些人看来是疯子,但却是我们眼中的天才。"

Steve Jobs
1955-2011

图 13-1　（图片来自网络）

生1：老师，有个性的人往往在社会上吃不开，容易碰钉子，怎么办？

师：这就说到一个创新氛围和环境的营造问题了，下一讲我们可以就这个问题讨论一下。

课后阅读1　创造力是天生的吗？

有不少人认为，创造力是天生的，跟自信与努力与否关系不大，创新能力是不能教的。但研究创新思维的专家们相信，创造力人人都有，并不是少数天才的专利，创新能力虽然不能像传授一门知识那样去"教"，但可以通过适当的方法训练和激发出来。

我比较同意后一种看法。因为我自己有切身体会。我从小是一个循规蹈矩的孩子，思维一向比较迟钝。小时候父亲给我和弟弟出算术题，总是弟弟比我先算出来；我对那些脑筋急转弯和猜谜之类的游戏也很不在行。我能读到大学和研究生，主要靠的是我的勤奋与努力。就是这样，我的成绩在大学和研究生期间也不是最好的，常常只是中等或偏上一点。所以，我一直认为自己不是那种很聪明很有创造力的人。

但自从接触一些谈创造力的书籍后，我开始有意识地学习和训练，我自己感到思维在很大程度上被打开了，工作中常常会有许多新的想法，同事们也认为我思维活跃，点子较多。学术上也提出了一些新见解、新思路。学生给我的评价是：思维跳跃，很难跟上，常常一下子就把结论说了出来，而省略了思考的过程。我知道，这些都与我对创新思维的研究分不开。

例如，我一直很喜欢诗歌，也创作了不少诗歌作品，还上过《诗刊》的头版头条，出版过几本诗集。但我以前的诗歌语言是比较朴素、规范的，少有语言技巧上的突破。在后来的创作中，越来越感到力不从心，很难把自己的所思所想充分表现出来。后来我看到一本思维导图的发明者东尼•博赞的小书，谈到如何利用思维导图创作诗歌，就照着试了试，果然写出了一首与过去风格完全不同的诗歌，从此大受鼓舞，一口气利用这种方法创作了几十首诗歌，进入了又一个创作的高潮期。后来，我对这种创作方法进行了丰富和发展，在用语言表达感情、进行创作方面越来越得心应手。

大学时我读的是医学系，研究生读的是生理学，毕业后留校任教。因一个偶然的机会我进入了教育技术领域，2005年才转行专门从事教育技术研究与教学工作。2007年受一个学生的鼓动开始写博客，2009年提出自己的教学设计过程模式。同年，第一次听到"李克东难题"，开始思考网络时代教与学的问题。2011年提出新建构主义学习理论，2012年提出知识嫁接学说，2013年系统地思考教育信息化问题，2014年提出新建构主义教学法，2015年出版《碎片与重构：互联网思维重塑大教育》专著。我的新建构主义与加拿大学者西蒙斯的关联主义被一些学术刊物并列为网络时代两大学习理论，有学者称之为"21世纪以来中国远程教育理论创新花圃中的'一枝红杏'"。

上述例子让我坚信，创新，不是虚无缥缈，而是有法可依的。只要我们有强烈的创新意识，又掌握一些打破思维定势的方法，是完全可能有所发明有所创造的。

也许我们生来就不是搏击长空的雄鹰，没有宽阔的翅膀，但我们可以通过持之以恒的训练，使自己飞得更快更高更远。

课后阅读2　创新人格的另一个特质：坚忍

"如果你是真正富有创造力的人，你不见得会拥有名声。真正富有创造力的人要出名，往往得花上很长的时间，因为他必须要创造出价值：一种新的价值、新的标准，唯有如此，他才能够得到适当的评价。通常，他至少得等上五十年，往往是在他死了之后，人们才开始懂得欣赏他。"

——印度哲人

一个创新性思想或成果要被人接受需要经过多长的时间？美国学者爱德华·加纳德在其名著《创造力7次方》一书中，对历史上最伟大的7位创造力天才进行了研究。该书在讲到爱因斯坦时有这样一节"相对论：最初的命运"。这一节介绍说，对爱因斯坦石破天惊的相对论论文，学术界和社会的反映都是非常缓慢的。主要期刊上最早只发表过一篇反驳的文章；三年后才有了学术上的"试探性建议"；四年后爱因斯坦才第一次被邀请到一个重要的会议上进行演讲。过了六年的时间，才有了专门研究相对论的严肃出版物。除了在德国，1912年之前几乎没有人谈及相对论。

还有一个有趣的现象，那些离相对论最近的人，那些爱因斯坦学术上的朋友和同事，那些对爱因斯坦影响最大的人，对相对论的反应却非常慢，其中有些人终身都对相对论保持沉默，不完全接受这一理论。

加纳德认为这样的例子支持了托马斯·库恩的断言，那就是新的革命性的科学思想很少被老一代人接受，因为占统治地位的领域有其既得利益。因此，接受新的范式需要等待还没有确立地位的新一代科学家的成熟。

这样的事情在很多创造力天才身上都曾发生过。例如，我最喜欢的两位美国诗人，惠特曼和狄金森，身前都不受重视。惠特曼最后在贫病交加中去世；狄金森则终身未嫁，五十多岁即死于肾病。惠特曼身前虽有一个小圈子对他十分推崇，但大多数人都不以为然。他曾感叹说，希望一百年后人们能对他做出公正的评价。在他诞辰一百周年之际，美国为他举行了第一次纪念他的国际性会议。狄金森生前可谓默默无闻，创作了几千首诗歌，去世前只发表过寥寥八首，而且还没有多少影响力。直到她去世三十年后，家人在整理遗物时，从箱底发现了写在一大堆日记本上的密密麻麻的诗歌，才整理出来拿去发表，结果引起了轰动。狄金森曾在一首题为《这是我写给世界的信》的小诗中这样写道："为了爱她，亲爱的，同胞/评判我时，请用善意！"两位后来都成为美国最伟大的诗人。

那么，在长期得不到认可的孤寂中，是什么使得这些创造力天才能够坚持下来，从事几乎看不到希望的创造性活动呢？我以为就是坚忍这个品质。当然，少数亲朋好友对他们在情感上的支持与理解也非常重要。

| 课后阅读3 | **什么是天才？** |

我曾经在网上看到过这样一个PPT，题目是《什么是博士？》，如图13-2所示。

什么是博士？

作者：Matt Might，译者：阮一峰

1. 假设人类所有的知识，就是一个圆。圆的内部代表已知，圆的外部代表未知。

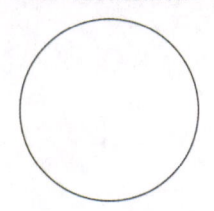

2. 读完小学，你有了一些最基本的知识。

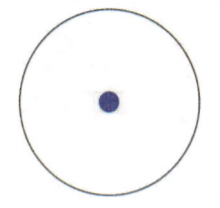

3. 读完中学，你的知识又多了一点。

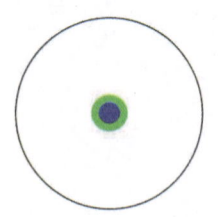

4. 读完本科，你不仅有了更多的知识，而且还有了一个专业方向。

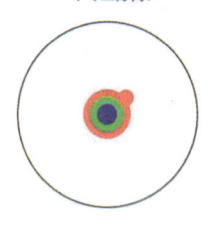

5. 读完硕士，你在专业上又前进了一大步。

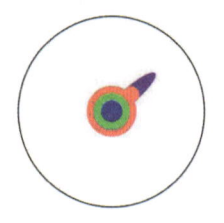

图 13-2

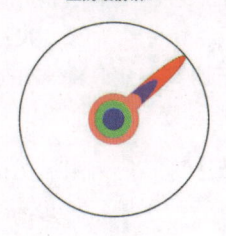

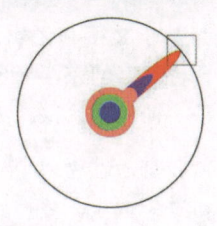

6. 进入博士生阶段，你大量阅读文献，接触到本专业的最前沿。

7. 你选择边界上的一个点，也就是一个非常专门的问题，作为自己的主攻方向。

8. 你在这个点上苦苦思索，也许需要好几年。

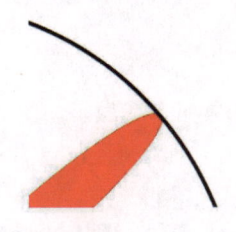

9. 终于有一天，你突破了这个点。

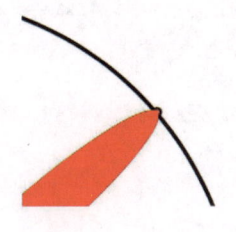

10. 你把人类的知识向前推进了一步，这时你就成为博士了。

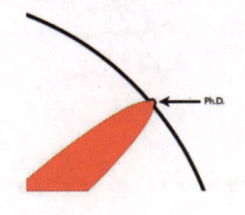

Ph.D.

11. 现在你就是最前沿，其他人都在你身后。

12. 但是，不要陶醉在这个点上，不要把整张图的样子忘了。

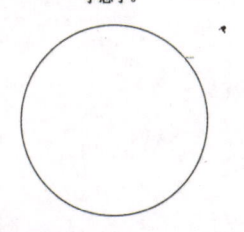

图 13-2（续）

第十三讲 创新人格 | 161

这种用图形图像形式表现一些抽象概念或主题的方法，是我十分欣赏的方法。因为图形图像本身就是彰显一种结构，是一种直观、可视化的思维形式。这一点，与基于文字和逻辑的思维形式有很大不同。所以，我经常告诉学生们，要学会将文字的东西形象化，将形象的东西文字化，经常在这两者之间进行切换，是一种深化认识、激发创意的好办法。

　　例如，我每次在做PPT课件的时候，都会尽可能使用图形图像阐述一些抽象的理论和概念。我会先想好一张幻灯片要表达的主题与思想，然后闭上眼睛看我的头脑里出现的图像或画面，接着用合适的关键词去网上搜索相关的图片，或者自己动手绘制一些简单的图形；而外出旅行或观摩教学活动的时候，我很少使用摄影和录像，而是用文字把我看到的景象和感受描述出来。在这种反复的交替切换中，常常会有新创意产生出来。

　　就拿上面这个PPT来说，我看了以后忽然有了一个想法，能否用类似的图形表达《什么是天才？》这样一个主题呢？说干就干，我做了如图13-3所示的这几张幻灯片。

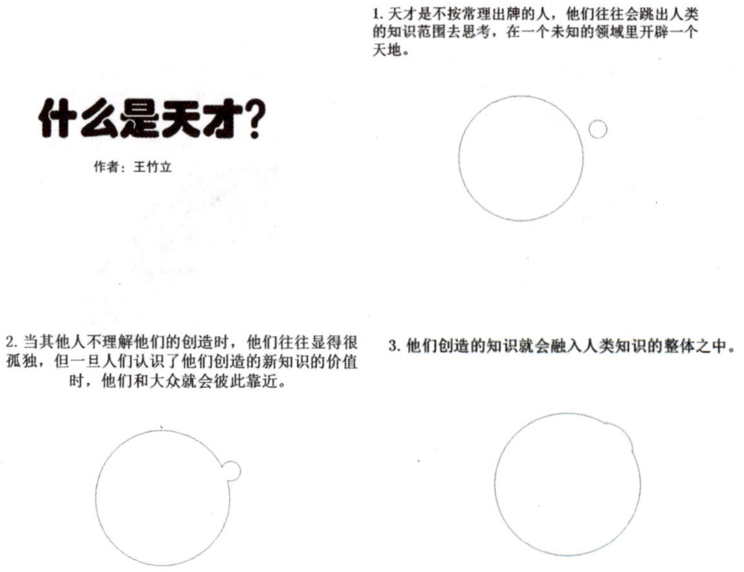

图 13-3

4. 他们使人类知识不只是在一小点上有所突破，而是在各个方面都向外扩张。这就是天才与普通博士的不同。

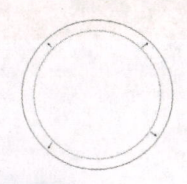

图 13-3（续）

　　这个内容后来成为我在创新思维课上的保留内容之一，我会常常让同学们也试着用图形图像表达同样的主题。读者朋友们也不妨试试。

课后练习　动动笔

一、单选题

1. 关于创新人格的描述，下列哪项是不准确的？

   A. 创造性天才大多是情商很高的人
   B. 创造性天才失败的概率不比普通人低
   C. 创造性天才大多比较自信
   D. 创造性天才有强烈的自我意识

2. 创造性天才与普通人最大的区别在于

   A. 智商超过常人很多
   B. 情商高于常人
   C. 思维方式与众不同
   D. 体力超过常人很多

二、判断题（请在下面的句子后面的括号内打✔或打✘）

1. 创造性与天赋没有关系（　　）

2. 通过训练可以提高创造力（　　）

3. 恰当的教育与引导有利于激发创造力（　　）

4. 提高自信的方法主要靠补齐自己的"短板"（　　）

三、思考题

1. 对照创新人格特征，思考一下自己可以做哪些方面的改进？

2. 观察一下你周边的人，看看哪些人比其他人表现得更有创造力，这些人有什么共同特点？

3. 一张白纸中间有一个大圆，如果让你在上面画一个点，你会把这个点画在哪个部位？

第十四讲
创新情境

（场景有变，在地上、桌上、沙发上、茶几上堆放一些积木等玩具。营造一种轻松的游戏环境）

生1、生2：哇，老师，今天怎么有这么多好玩的东西呀。

师：对呀，这是老师特意准备的。因为我们今天要谈的就是创新情境的话题。你们觉得在什么样的情境下容易产生创意？

生1：轻松的。

生2：游戏的，就像今天这样。

师：对！创意往往容易在一种轻松的、自然的、与通常不一样的情境下突然冒出来，创造力强的人往往有一种游戏的心态，做什么事都觉得好玩，没有那么多功利心。以前有一句话，失败是成功之母，这句话我相信你们都知道。还有另一句话你们听说过吗？

生1：没听过，是什么？

师：游戏是成功之父。（将这句话展示在屏幕上）

生2：哈哈，有意思。

师：老师给你们看看，一些专门生产创意的公司是怎样布置它们的办公环境的。（展示谷歌公司内景图片，如图14-1所示）

图 14-1　（图片来自黎加厚教授幻灯片）

生1：哇，这么好呀！我也想去这样的公司工作。

生2：是呀，我看到现在大部分公司都是一个个统一的方格子，很单调。

师：这还只是外观，在需要创意的公司里，人际关系也很重要。（如图14-2所示）

哪一种氛围更容易产生创意？

图 14-2

第一种情况是领导和员工等级森严，地位不平等，大家都很紧张；第二种情况是内部很平等，大家比较轻松、随意，你们觉得哪一种情况下，员工容易产生创意？

生1：我觉得是第二种。

生2：在第一种情况下，我即使有新的想法也不敢说，创意都被吓回去了。

师：是的。老师再问你们一个问题，你们觉得自己在什么情境下容易产生新想法？

生1：这个问题以前没有想过。

师：建议你们以后经常问自己几个问题。（展示题板如图14-3所示）

你最近一次脑中有新创意是什么**时候**？

那是在一个什么样的**场合**？

是什么**动机**激发了你的创意？

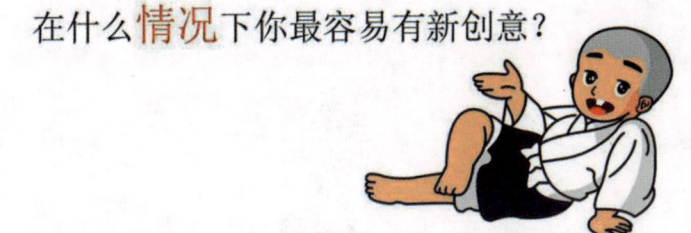

在什么**情况**下你最容易有新创意？

图 14-3

生2：老师，问这几个问题的目的是……

师：问这几个问题就是要发现适合自己的创新情境，以后你们要有意识地经常让自己处在那种情境中，你们就容易表现出创意。

生1：哦，原来是这样！老师，您觉得自己在什么情境下容易产生新创意？

师：国外有人发现，在五B环境下容易产生新创意。（展示图片，如图14-4所示）

最容易产生创意的环境

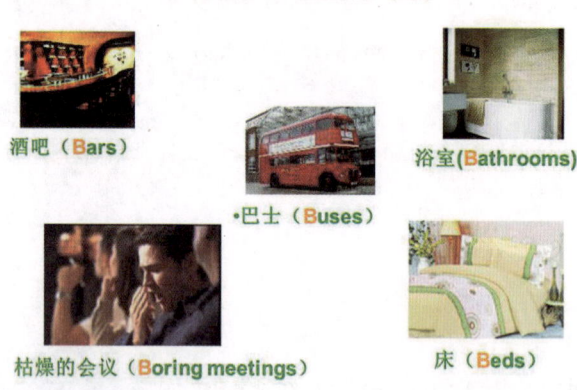

酒吧（Bars）　　巴士（Buses）　　浴室(Bathrooms)

枯燥的会议（Boring meetings）　　床（Beds）

图 14-4　　（本图由网络图片组合而成）

老师自己的体会也是这样。比如，开会的时候很无聊，我就会拿一张白纸画思维导图，边想边画，有时会还没开完，我的一首诗或者一个想法就出来了。从时间上讲，我觉得这几个时间段最容易产生新创意。（展示图片如图14-5所示）

最容易产生创意的时间

早晨刚醒来　　散步时　　冲凉时

独处时　　……　　睡梦里

图 14-5　　（本图由网络图片组合而成）

比如，我睡觉前想的一个问题，没有想清楚，一觉醒来，忽然想通了，出现了新的解决思路，这种事情经常发生。后来我自己总结了一下，可能有以下几个原因。

第一，刚醒来时，意识尚未完全清醒，对潜意识的控制尚不充分；第二，休息了一晚，体力和精力得到了恢复，脑细胞处于最活跃的状态；第三，清晨环境比较安静、空气清新，利于集中注意力；第四，左脑对右脑的优势尚未占统治地位。

所以，我以后有需要解决的问题时，在睡前先想想，然后带着问题入睡。有时醒来后就有了新思路，甚至做梦中也有了新思路。我们睡觉时，大脑的一部分并未都休息，有些部分还相当活跃，由于睡觉时白天的一些干扰或抑制因素被解除了，新创意反而更容易冒出来。这样的例子在历史上有很多。

生2：原来是这样。老师，这样岂不是很辛苦？

师：是的，创新很难，需要付出辛勤的努力，但创新也很快乐，甚至会有一种欣快感。你们听说过高峰体验吗？

生1：高峰体验？没听说过。

师：高峰体验是美国心理学家马斯洛提出的。他在调查一批有相当成就的人士时，发现他们常常提到生命中曾有过的一种特殊经历，那是一种发至心灵深处的颤栗、欣快、满足、超然的情绪体验，这种体验可能是瞬间产生的压倒一切的敬畏情绪，也可能是转眼即逝的极度强烈的幸福感，甚至是欣喜若狂、如醉如痴、欢乐至极的感觉，好像在那一瞬间你仿佛站在高山之巅，发现了永恒真理、事物的本质和生活的奥秘。这种体验就是"高峰体验"。

生2：哇，太神奇了！老师，您有没有体验过这种"高峰体验"？

师：实话实说，有过那么一两次。有一次，我在广西北海开会，晚上吃完饭到海边沙滩上散步，一个人在沙滩上走了很久。第二天一早坐车离开，在车上我回忆昨晚散步的情景，忽然有了灵感，一口气写了三首自己最满意的诗歌。当时真的是激情澎湃，跟马斯洛描述的高峰体验几乎一模一样。去北海前我的心情本来有些不好，但写完这几首诗后我有一段时间仿佛觉得没有什么事情可以难倒我，一切都不在话下，我仿佛看到了生活的真谛。

生1：老师，真是太神奇了，您能向我们展示一下那三首诗吗？

师：时间关系，老师不能三首都展示，只看其中一首最短的吧。（展示诗歌）

诗人与大海

诗人在大海边漫步

海浪在他的脚下

排成诗行

海很宽

天很高

沙滩又细又白

诗人只是其中的一个点

诗人的目光比海更远

宇宙深邃

时光久远

沧海桑田一瞬间

大海只是诗人心中的一个点

生2：老师，我不太懂诗，但这首诗确实反映了您当时的心情。

生1：老师，我们怎样才能找到最适合自己的创新情境呀？

师：每个人产生新创意的环境是不同的。我自己的新创意大多是在独处和休闲时产生的。如果我和许多人在一起，或那一段太忙，我的新创意就很少。十年前我注意到由于担任了较多的行政工作，我很少再有诗歌创作的冲动，在其他方面的创意也大大减少了，于是决定逐步辞去所担任的行政职务，以便集中精力干自己喜欢和擅长的事情。我喜欢经常让自己一个人待一会，不愿意应酬，不乐意太忙，尤其讨厌事务性、重复性的工作，因为那会让人非常沮丧。但有些人不同，我的一个朋友告诉我，他最容易产生新创意的时刻是在与人交谈的过程中，每当与人聊天时，他就妙语连珠，新想法源源不断地涌现出来。你们适合什么样的创新情境，要靠你们自己去发现。记住，经常问自己那几个问题！

生1、生2：谢谢老师！

课后阅读1　把创新当作一种习惯

把创新当作一种习惯，首先是教你不要重复自己。

你是不是每天都要吃三餐？你是不是每天都要上班下班？你是不是每天都要走同一条路？你是不是每天都在重复说一些话做一些事？

从现在开始，你应该把创新当饭来吃。就像一天不吃饭不行一样，你应该要求自己每天不创新也不行。

你每天是不是去同一个食堂吃饭？那么，今天换一个食堂吃；你每天是不是吃同一类食物？那好，今天换一种试试；你每天是不是走同一条路回家？那今天就换一条路或方式回家。

你还可以换一种服饰，换一个发型，换一个背包，换一种打招呼的方式，换一个待人接物的习惯，换一种生活态度。

以前看过一本书，叫《每天变"坏"一点点》，我不叫你变坏，而叫你改变，每天改变一点点，久而久之，你就成了一个习惯创新的人。

这当然不容易，人的惰性是非常强的，人的思维定势也是非常强的。有一次我带儿子回到老家湖南长沙，晚上和儿子一起去逛长沙烈士公园。很多年没去过了，大概有三四十年了吧？好像还是读中小学时去过。它曾给我的童年留下过美好的印象。

记得进公园门的左手边有一个大湖，我带着头一次来的儿子径直往湖边走。到了湖边，儿子忽然想划船。

"还是先到各处去看看吧？如果划船，这么大的湖，起码要一个小时才回得来。那就快到关门的时间了，很多地方就看不到了。"

"为什么都要看到呢？我们来玩的目的不就是出来散散心、轻松一下吗？"

"我的习惯是到一个地方先要到处看看，然后再找一个最好玩的地方去玩。"

"那是你们这一代人的思维习惯吧。我不同，如果我发现一个很好玩的地方，就会先玩个够，不去管是不是还有更好玩的地方。因为我的目的就是让自己高兴，既然我已经发现了能让自己高兴的地方，为什么一定要先到别的地方去看看呢？"

我一愣，是呀！这种想问题的方式跟我一贯的思维方式不同，我想起了古代一个隐士"乘兴而来，兴尽而归"的故事，莫非儿子比自己更洒脱，更有古人之风？好，今天就变变老习惯。

湖面很辽阔，桨声轻柔，晚风拂面，十分惬意。我们甚至在一个小岛的边缘，看到一个黑黝黝的像鸟一样的轮廓，正站在水边，一动不动！悄悄靠近一看，果然是一只黑色的大鸟。见我们的船来，它并不慌张，直到我们几乎伸手可及了，才轻轻扇动翅膀，飞到稍远一点的树丛去了。

我暗自庆幸这次改变。如果按照我的建议，走完这座公园的每一个角落以后，就到关门时间了，这样的奇遇一定看不到了。

还有一次，我出国去澳洲。行前整理行装的时候，由于澳洲那边正是冬天，要带很多衣物，箱子怎么也装不下。我这人爱面子，平时在家穿着非常随便，穿旧衣服也不介意。但出门一般就会挑最好的衣服穿，连内衣也一样。由于出门洗衣晾衣不方便，我常常要带够很多套，每天洗澡后就换一套干净的内衣，回家后将一大堆脏衣服扔进洗衣机去洗。正因为这样，箱子总是装得满满的。这次出国我还是像以往那样，挑好衣服带。妻子看了给我出了个主意，不如挑旧内衣带，穿完就扔。我一想对呀，衣柜里有不少旧内衣裤，平时扔掉吧觉得可惜，穿吧，又不太乐意。不如这次带出去处理了。反正内衣穿在里面，又没人看见。以前怎么没这样想呢？果然，这次出国，我感到很轻松，一路上箱子越来越空，不仅省事，还为带些旅游纪念品腾出了空间。

把创新当作一种习惯，还要求你敢于标新立异、与众不同。

我们大多数人都有一种随大流的心智模式，有位留学归来的教授曾经给我讲过一个故事：有位中国学生到美国留学，交了一个女朋友。一次过马路时，对面的红灯亮了，他没有停下脚步，而是径直走了过去。女朋友对此大为不满，说你这么不遵守规则，让人对你没有信心，跟他分手了。后来他回到国内，又找了一个女朋友，也是一次过马路，红灯亮了，其他人照样抢过马路，他却老老实实停下来等候。女朋友大感不解，说你没看到车离得还远吗？别人都过，你为什么不敢过？是不是傻呀？又跟他分手了。

我不知道这是一个真实的故事，还是一个笑话，估计后一种可能性要大些，意在讽刺国民的一些不良陋习。我在这个故事里看到的是"从众思维"。其实在广州，我也看到一些外国人已经入乡随俗，开始闯红灯了，充分说明"从众思维"的强大影响力。

从众思维源于我们内心的自我保护意识，它的好处是让我们避免当出头鸟，反正跟着大流，要错大家一起错，自己没有责任。也不会被人视为异己，或当成傻子。但从创新思维的角度来看，却是极其不利的。前面我们已经讨论过，创新就是要我们和别人看同样的事物，却能想出不同的东西来。如果我们的思维跟大家一样，何来创新？所以创新思维的专家告诫我们：有时，不妨当一回"傻子"。未来属于那些拥有与众不同思维的人。

然而，与众不同在我们这里常常意味着风险，常常会受到孤立，我们的社会对个性还不具备足够的包容性。这就需要勇气。生活中，有创造力的人往往是那些社会化不太好的人，是那些有点不合群的人。在这样的社会中，你需要学会保护自己，但你的思想要保持绝对的自由。在必要的时候，你必须有勇气以一当十，甚至以一当百。只有这样，你才能成就你的事业，你才有可能开创一片新天地。到那时，你将赢得人们的尊敬。

如果创新成为你的习惯，成为你的信仰，成为你的宗教，你想没有创造力都难。

课后阅读2　创新源于内心的激情

创新的动力是什么？我以为来自一个人内心的激情。

真正有创造力的人不一定有多聪明、智商有多高，但他一定是内心炽热、充满激情的人！正是由于这种激情无法遏止、无处安放，所以他要不断地创造，通过创造释放内心激情的能量。

弗洛伊德说，性是人生的原动力，是很多文学艺术创造的源泉，大体是不错的，因为性是激情的一种。当它受到阻碍时，有的人走向自我放纵、自我毁灭之路，而有些人则走向自我升华，将能量转化为创造动力的正途。一个没有激情的人是很难成为伟大的艺术家的。

科学的发明创造是否也是源于性的激情？未必。科学是一个寂寞的事业，不像艺术那样容易引人注目。科学家被人尊重，大抵是因为他的名声和地位，人们未必对他的学问有多了解。科学发明的动力可能更多地来自人类的好奇心，对未知的好奇也是一种激情。当然，也不能排除通过科学发现以获得尊重的成分，人们可以通过科学家的发明创造带来的好处而感受到他的重要性。被尊重的需要可视为人类的第三种激情。

第四种激情可能来自人类渴求改变的愿望。人类是一个喜新厌旧的物种，不愿意年复一年过着庸常的生活，总希望生活中有些变化、有些惊喜。没有变化他们就会制造变化，没有惊喜他们也会制造惊喜，要不简直没法活下去。就像我们工作了一周之后必须要放一两天假，每隔一段较长的时间就很想到外地旅行一样。

第五种激情可能与人类的自我意识有关。人类知道自己是一个与众不同的个体，也只有与众不同才能把我们自己和其他人区分开来。越是有创造力的人越是自我意识强烈、希望与众不同的人。这种激情也会让人不走寻常路、只爱陌生人，创新创造也就由此而生了。

以上五种激情是我目前能想到的创造的原动力，它们在不同的人身上的强烈程度不同，在不同的创造活动中的作用也有强弱之别，有时候是以某种激情为主，更多的时候是多种激情综合作用的结果，很难分得十分清楚。

课后练习 动动笔

一、单选题

1. 下列哪一项不适合创新的情境?

A. 宽松愉快的
B. 和谐平等的
C. 认真思考的
D. 庄重严肃的

2. 关于高峰体验的描述,哪一项是不准确的?

A. 一种欣喜若狂的状态
B. 可能出现体温升高全身发抖
C. 只关心内心的感受,对外界的敏感性下降
D. 觉得没有任何事情可以让自己烦恼

二、判断题(请在下面的句子后面的括号内打✔或打✘)

1. 每个人都有最适合自己的创新情境(   )

2. 玩物丧志这句话对于创新人才来说是不正确的(   )

3. 单位里层级太多条块分割不利于激发员工的创造力(   )

4. 随大流的思维方式是创新的大敌(   )

三、练习题

1. 想想最适合自己的创新情境是什么?做出改变,有意识地让自己经常处于那种情境之中。

2. 随身携带小记事本或带记事功能的手机,随时随地记下头脑中的灵光一闪,一刻也不要耽搁。

3. 经常做一些脑筋急转弯或看一些思维训练方面的书。

4. 留心身边的人和事,发现有创意的事物并把它记下来。

5. 培养一些艺术方面的兴趣和爱好。

第十五讲
创新思维课程总结

（场景同前）

师：同学们好！今天是我们的最后一讲，创新思维还有很多话题可以谈，但因为时间关系，本门课程只能谈到这里。中国有一句古话"师傅领进门，修行在个人"，这门课程只能说是一门入门的课程，要让自己变得更有创造力，关键还在于自己不断学习，经常进行创新思维训练，多开展创新实践，才能不断提升个人的创造力。

生1：老师，您能不能给我们归纳总结一下？让我们思路更清晰。

师：可以的，老师想用一首诗为大家作一个小结。（展示诗歌）

创新思维歌
作者：王竹立

人人都说创新好，人人都道创新难；说好说难都有理，方法对头也容易。
第一要有创新意，时时鞭策不泄气。第二要能成习惯，一日三餐求新异。
第三要有自信心，扬长避短我定行。第四营造创新境，置身其中有奇迹。
第五要懂创新理，打破定势是真谛。第六运用创新法，左脑右脑齐努力。
正面不行走侧面，前进不能倒着行；硬的不行来软的，逻辑不胜想象赢；
直觉顿悟加联想，移植连接巧借力；打破规则求突破，简化思维找捷径；
头脑风暴为发散，六顶帽子全收起；灵活多变如激流，思维最忌一根筋。
第七不要怕失败，勇于探索最要紧。第八不能太急切，游戏心态有助益。

第九力求出成果，多为社会造福利。第十享受创新美，高峰体验乐无尽。

人人齐唱创新歌，人人都做创造人；日新日新日日新，创造宇宙新天地。

这首诗歌一共40句，每句7个字，共280字。你们能给老师解释一下每一句的意思吗？你们可以先把这首诗分成一些段落，再进行解释。

生2：老师，我试试吧。我觉得这首诗可以分为三大段，前四句为第一大段，中间的32句为第二大段，最后四句为第三大段。中间的32句又可以根据第一到第十分为十小段。

师：非常好！继续！

生1：我先来讲第一大段吧，第一大段就是前面的四句，（念出四句诗）这一段意思很明确，基本不用怎么解释，就是说创新很好，这一点大家没有争议；创新很难，但只要方法正确，其实也不难，这几句主要让我们大家要对创新有期待、有信心！

师：讲得很好，下面呢？

生2：老师，我来讲第二大段的第一到第四小点吧。"第一要有创新意，时时鞭策不泄气。"这一句讲的是创新意识问题，我们每个人都要有强烈的创新意识，不光是要想创新，还要要求自己一定要创新！这样才能激发创造力。"第二要能成习惯，一日三餐求新异。"这一句讲的是要养成创新习惯，老师，为什么要一日三餐求新异呢？

师：这只是一个比喻，如果我们连一日三餐这样的日常生活都有求新求异的意识，那么就更容易形成创新习惯了。

生2："第三要有自信心，扬长避短我定行"，老师说过，自信是创新的第一步，而要建立自信需要扬长避短，发现自己的长处，还有与众不同之处，将自己的长处发挥到极致，告诉自己我一定行！

师：说得对！

生2："第四营造创新境，置身其中有奇迹"，这句话强调创新情境的重要性；"第五要懂创新理，打破定势是真谛"这句话告诉我们，创新思维的原理就是要突破思维定势，打开心智枷锁。

师：很好！

生1：老师，我来解释下面这十四句，这里用了一大段讲创新思维的方法。"第六运用创新法，左脑右脑齐努力"这一句是这十四句的开头，表明下面要讲的内容，就是创新思维的方法，创新思维需要左脑与右脑的共同努力，老师，这一点您前面讲得不多，您能给我们解释一下吗？

师：人体生理学研究表明，人的左脑和右脑有所不同，左脑偏重于语言和逻辑思维，被称为优势半球；右脑偏重于形象和空间思维，属于非逻辑思维。我们说过，在创意的萌芽阶段，往往更需要软思维，也就是非逻辑思维；而在创意的成型阶段，则需要硬思维，也就是逻辑思维来把关和完善。所以创新思维过程既需要右脑，也需要左脑的参与。

生1："正面不行走侧面，前进不能倒着行"，老师，我能理解这里讲的是转变思考方向吗？上面一句是指侧向思维，下面一句是指逆向思维。

师：你的理解完全正确！

生1："硬的不行来软的，逻辑不胜想象赢"，这一段应该是讲软思维与硬思维了，老师说过，创新思维的第二秘诀是多用软性思考。

师：对！

生1："直觉顿悟加联想，移植连接巧借力"，这里讲了很多具体的创新思维方法，但重点突出的是强制联想或者二元联想，因为移植也好、连接也好，都是要把两个不同的事物或因素联系起来。"打破规则求突破，简化思维找捷径"，这两句讲的是创新需要突破原有的规则，或者通过简化思维来寻找最简洁的创意。

师：是的。

生1："头脑风暴为发散，六顶帽子全收起"，这里讲了发散思维与平行思维；"灵活多变如激流，思维最忌一根筋"，这一句好像是对这一小节的总结，创新思维需要突破定势、转变思考方向，而不能一条道走到黑，不能一根筋。

师：你说得很好！

生2："第七不要怕失败，勇于探索最要紧；第八不能太急切，游戏心态有助益"，这四句讲的是创新人格和创新情境方面的内容，有创造力的人大多不怕失败，敢于尝试；游戏心态、轻松氛围也有利于激发创意。

生1："第九力求出成果，多为社会造福利"，这一句讲的是创新的目的和作用；"第十享受创新美，高峰体验乐无尽"，这句讲的是创新对个人的好处。我也想有高峰体验。

师： 最后四句我来讲吧。"人人齐唱创新歌，人人都做创造人"，有人说创新是少数人和少数部门的事，跟大多数人无关，其实这种观点是不对的，我们每个人都可以创新，都应该创新，创新无所不在，大到国家社会，小到个人生活，都可以有创意，都可以有创新。李克强总理在政府工作中号召我们，要把国家建设成为全民创新的社会，就是这个意思。创新不一定都是高大上的东西，可以有小创新、微创新，积小成大，也是可以的。如果我们人人都懂得创新、人人都热爱创新，那么社会就会发生翻天覆地的变化。所以最后两句就是"日新日新日日新，创造宇宙新天地"！

生1： 老师，这首诗写得很好，易记易背，朗朗上口。

师： 希望大家熟记这首创新思维歌，把它作为座右铭，经常提醒自己，时时不忘创新。尤其是网络时代，创新更是层出不穷、日新月异。大家要充分利用网络，进行在线思考、在线交流、在线协作，让新创意如雨后春笋般涌现出来，为社会做出更大的贡献。

课后阅读1　今天，知识结构应从金字塔向蜘蛛网转变

我国传统的教育思想主张学习者应该建立金字塔形的知识结构，其核心思想是拓宽基础，循序渐进，由博至专。教师们认为，基础打得越宽越好、越牢越好。如果基础打得不牢，就不可能到达成功的顶点。"书到用时方恨少"是千百年来的至理名言。这种思想强调按照学科知识体系按部就班、循序渐进地进行学习。学科知识体系是由每一个学科领域的专家各自确立的，也就是说，这种知识结构是来自于学习者外部而不是内部的，与学习者的个人兴趣及内在需求未必一致。同一个专业领域同一类学习背景的人的知识结构往往相同或者近似。这种金字塔式的知识结构在信息与知识获取途径有限的时代是合适的，因为那个时代，知识大部分是结构化的，必须通过在学校里系统学习才能获得。

进入网络时代，知识爆炸、信息超载，学习碎片化，信息与知识的获取方式与途径越来越多，学习已无处不在、无时不有，传统的按部就班式学习模式面临挑战。首先，基础要多宽才够？如果一切从头开始循序渐进，何时才能到达知识的顶端（前沿）？知识的碎片化也让系统化的学习越来越困难。今天我们要建构的个人知识结构，应该由传统的金字塔形向蜘蛛网形转变。

蜘蛛网形的知识结构是以"我"为核心"编织"起来的，是学习者主动建构的过程。它打破传统的学科界限，主张知识本是一个不可分割的整体。在网络时代，每个人要根据自己的需要像蜘蛛织网一样，围绕一个核心，一圈一圈地向外扩散，建构个性化知识体系。随着知识、经验的不断积累，每个人的知识之网会越织越大，其解决问题的能力也会相应提高。

这种蛛网式的结构，紧紧围绕兴趣与需要建立，较少冗余的信息，更具有针对性与实用性，并且与个人的实践与经验紧密结合，效率更高，结构更科学合理。由于每个人的知识结构都有所不同，人和人之间更容易发生协作与互补，更容易产生思想的碰撞，激发创新的火花。

当然，这不意味着按照学科知识体系进行系统学习已经完全过时。对于青少年来说，他们还缺乏足够的知识与经验，还不知道自己到底需要什么，还不明确自己的兴趣与需求真正所在，此时在学校里按部就班学习一些基础性知识还是必要的。但到了大学阶段和研究生阶段，学习者就应该尽快将金字塔形的知识结构向蜘蛛网形的知识结构转变，教师应该帮助学生完成这一转变。如果没有完成这一转变，或者这一转变来得太晚，都不能很好地适应信息时代的要求，培养创新型人才就可能成为一句空话。

课后阅读2　创新并不遥远

我在新建构主义论文中提出，今天的学习不仅仅是为了继承前人的知识并将知识应用于实践，更重要的是要建构新的知识体系。在信息技术飞速发展的今天，计算机已经承担了人类大部分的左脑功能，例如记忆、运算、逻辑分析与推理等，使人类能够腾出脑力做计算机不能做的事情。

以前的学习理论都将学习与创新视为不同阶段的任务，而新建构主义则将学习与创新视为一个完整的过程。新建构主义的学习与创新观可用下列三句话表述。

（1）为创新而学习。创新是学习的最高目标。这里所说的创新分为两个层次，第一层次是对个人而言的，即学习的过程就是不断更新个人知识体系的过程；第二层次是对社会而言的，是指学习最终应该导致社会整体知识体系的更新。

（2）在学习中创新。新建构主义强调学习与创新应该同步进行，而不是彼此分离。

（3）对学习的创新。新建构主义主张对学习本身进行创新，包含学习理论、学习模式、学习策略、学习组织的创新等。为了实现创新，新建构主义主张学习应以"我"为主，即根据自己的兴趣和需要开展学习，建构个人化的知识体系，而不应盲目跟从书本或他人。

在农业时代，由于信息技术的落后，知识的生产、传播、应用、创新的周期非常漫长，知识的更新速度很慢。当时知识是由专家学者经过长期的、甚至是毕生的研究总结出来的。由于缺少高效快捷的交流工具，信息来源的渠道很少，专家学者主要依靠个人的学习和实践，以及小团体的协作来累积知识；等他们将某方面的知识整理好，写成文字，再印成书刊，最后传递到读者的手中，已经耗费了不少时间。而对于这些经专家学者结构化了的知识，学习者又得花上很长的时间消化吸收，再在实践中应用和检验，等他们将实践中遇到的问题再反馈给专家学者们，又过去了漫长的时间。所以，我曾经将那个时代学习与创新之间的关系比作爷孙关系，意思是从掌握知识到创新知识需要一两代人的努力。

到了工业时代，随着印刷技术的进步和电子传播技术的到来，知识流通的速度加快了，信息来源增多了，学习与创新之间的距离也缩短了，我将这个时期的学习与创新的关系比喻为父子的关系。

进入网络时代，信息与知识的流通大大加快，快到几乎看不到时间延搁。比如，我早上写了一篇博客，刚发出来不到一分钟，就已经有远方的人看到并且回复了。不仅如此，以前知识的生产是专家学者和书刊编辑们的专利，普通人很难直接参与。现在不同了，众多的网友都可以直接参与信息的发布及知识的形成过程，信息与知识已呈爆炸性增长状态。今天的知识形成过程更多时候是一个社会化协作的过程，每个人既是知识的生产者，也是知识的消费者；既是学习者，也是创造者。学习与创新之间不再有一条难以逾越的鸿沟。

最典型的例子莫过于以维基百科为代表的百科全书在线编辑过程。维基百科是一个基于Wiki技术的在线百科全书，主要是由网络上的志愿者共同合作编写而成。以前百科全书之类的书籍都是由各领域顶尖的专家学者们编撰的，现在则变成由千千万万网友共同编撰了，而且网友编撰的在线百科全书最终取代了专家学者编撰的纸质百科全书，这是一个多么大的奇迹呀！所以今天的学习与创新的关系，我形容为兄弟关系，甚至左右脚关系。左脚学习，右脚创新，左右脚交替向前，推动着今天的社会以前所未有的速度向前发展。

课后练习 动动笔

一、单选题

1. 本课程涉及了哪些内容？

   A. 创新的定义、原理、方法、练习等
   B. 批判性思维、平行思维和包容性思维
   C. 创新情境、创新人格、高峰体验
   D. 以上都包括

2. 要成为有创造力的人，我们应该怎样做？

   A. 有强烈的创新意识，培养创新思维习惯
   B. 掌握创新思维的原理、方法，经常进行创新思维训练
   C. 发现适合自己的创新情境并让自己置身其中
   D. 以上都包括

二、判断题（请在下面的句子后面的括号内打✔或打✘）

1. 学习创新思维，重在领悟而不是记忆（ ）

2. 要随时随地记录灵感（ ）

3. 我干的是日常工作，无须创新思维（ ）

4. 创新让生活变得更有趣味（ ）

三、练习题

现在就开始尝试创新！

下篇
教学指导

第十六讲
常见问题

创新思维能教吗？

这个问题是一个学生向我当面提出来的。其实不只是她，很多人在心里都想过这个问题，而且这个问题也没有公认的正确答案，即使在专门研究创新思维的专家、学者中间也是如此。

如果你回答能教，那么接着就会被问：你如何证明？比如，你能够证明一个上过你的课或者看过你的书的人学会了创新思维吗？仅仅通过一两件貌似有创意的作品？什么样的作品才算真正有创意？如何评价创意作品的高低？创新有公认的标准吗？怎么证明完成这些作品是受了课程学习或你的书的影响，而不是他本身就具有这个能力？一个自己都没有创新思维的教师如何能够培养学生的创造力？这一系列的问题保证让你难以应对。

如果你回答创新是不能教的，那么是否意味着我们应该对此无所作为，什么都无须改变，一切听天意？也不必思考如何回答钱学森之问这一类问题？是否意味着我们做什么都是徒劳无功、多此一举？

上述两个结果似乎都不能令人满意，于是有人提出一个折中的回答：创新是不能教的，而只能培养。但这又会遇到新的疑问，培养和教的区别在哪里？培养不就是教的一种手段吗？或者教不能作为培养的方法之一吗？

其实，回答这样的问题还是不能离开我提出的包容性思维，尽管有人对包容性思维不以为然，但离开它，我还不知道该怎样整合歧见。而歧见几乎是无处不在、无时不有。

采用包容性思维，我会认为，说创新思维能教或不能教，这两个看似矛盾的说法都有一定的道理，关键是要给这两个观点找到它们能成立的条件，给它们加上必要的修饰语和限定词。从三维空间思维来看，这两个观点并不矛盾，而是一个互不包含也互不冲突的平行关系。

处理平行关系的原则是，对事物进行细致地拆分，将不同的观点对应于事物的不同方面，就不矛盾了。比如什么是创新思维？创新思维包含哪些部分或层面？如果我们将创新思维分为关于创新思维的知识和创意的产生与实现两个层面，就可以很好地回答这个问题了。

关于创新思维的知识（如创新思维的定义、原理、方法等这样的显性知识），已有大量的研究成果，能够用语言、文字、符号等方法表达出来，这类知识是可以教的。虽然目前人类对创新思维的脑内过程与机制还了解得不够多，但也绝非一无所知，还是可以有所作为的。但对于具体创意的萌发与实现过程，则更多地与个人的经验、思维的类型、环境的因素、社会的氛围乃至机遇、意志和品质等诸多因素有关，这个层面是不能仅仅依靠教育达到的。其中有相当大的不确定性。

那么，关于创新思维的显性知识的传授，对具体创意的激发与实现有没有用处呢？用处当然是有的，甚至不可小视。作为个人，如果了解了创新思维的原理，有意识地树立自己的创新意识，养成创新习惯，运用激发创新思维的方法，可以大大提高自身的创造力。这一点，很多认真研究和实践创新思维的人都有切身体会。对于社会，如果当局者、教育者和社会大众对创新思维的原理、方法、理论等有更多的了解，会有利于形成良好的创新氛围，制定激励创新、创造的政策措施，包容和善待有个性的创新型人才，培养新一代的创新人才。两者相加，将有利于各行各业的创新性成果如雨后春笋般地涌现出来。

基于以上的认识，我在对学生进行创新思维训练时提出了五大教学目标：树立创新意识、培养创新习惯、了解创新原理、掌握创新方法、完成创新实践。这五大目标是由低到高、循序渐进的。作为一门短期的培训课程，如果能够实现前面四个基本目标就已经合格了。至于最后一个目标，完成创新实践，可以作为鼓励和提高的目标，不宜做硬性的要求。

创新教育的三种类型

目前国内的创新教育大致可分为三种基本类型。

第一类是专门的思维训练类课程。通过系统的思维训练，培养学生的创新意识、创新习惯和创新思维能力，如笔者在中山大学为本科生和研究生开设的《创新思维训练》课程。这类思维训练课程类似于国外学者提出的创新教育托伦斯模式，注重思维训练的系统性和全面性，要求学生树立创新意识、培养创新习惯、了解创新原理、掌握创新方法，对完成具体的创新作品一般不做硬性要求，只作为提高目标。因为由于课程时间与条件的限制，要求学生短时间内完成高质量的创新作品并不容易。

第二类是与学科专业课程相结合的创新教育活动。如广东省揭阳市教育局教研室组织的创新思维与计算机和信息技术类课程相结合的创新教育系列活动。笔者在中山大学开设的《现代学习技术》核心通识课中，将创客理念引入课程教学中，开展创新教育活动。这类课程类似于国外学者提出的创新教育费尔德曼模式，强调创新精神、创新思维与具体学科和专业内容的结合。在学习学科和专业知识的同时，培养创新思维，提升创造性解决具体问题的能力。

第三类是与特定领域的实践活动相结合的创新教育活动。比如在各种创客空间、创意工场中开展的创客教育就属于这一类。这种活动类似于国外学者提出的创新教育索耶模式，强调在"做"的过程中掌握相关知识，提升创新创造能力。对思维训练的专业性、系统性、全面性并不特别强调，但对完成创新作品与创新实践活动则特别重视。

如果说第一类课程属于创新教育的基础课程，第三类活动属于创新教育的实践课程，那么第二类课程就是创新教育的桥梁课程。当然这种划分也不是绝对的，现实中这三类课程可能会有一定程度的交叉。比如在第一、二类课程中同样鼓励学生"做"作品，在第三类创客活动中也可穿插思维训练内容。

第一类课程可作为通识性课程，对所有的学习者开放；第二类课程对教师的要求较高，要求教师既具有创新意识和创新思维，又有较深厚的学科知识与专业素养，懂得如何将两者在教学中有机结合起来，适合在部分有条件的学科和课程中进行；第三类活动对设备、空间、环境、经费、技术等要求较高，一般只能在有条件的地方和人群中进行。

三类创新教育各有需要注意的事项。第一类思维训练类课程需要避免过多的理论与知识灌输，而应突出思维训练环节，尽可能采用游戏和案例教学方式进行；第二类课程应注意掌握专业知识与培养创新思维之间的平衡，既不能只传授知识技能而忘了创新思维的培养，也不能因为强调创新创意而忽视了知识技能传承的全面性与系统性；第三类创客教育也应避免过于强调科技而忽视人文，强调"做"而忽视"创"的倾向，避免成为少数技术发烧友的游戏。

如果我们把创新教育的目标用三个同心圆来表示，最外层的大圆是关于创新的知识原理，中间的圆是与创新、创造相关的方法技能，最核心的小圆是不可或缺的创新人格与创新意识。创新教育的目的就是培养具有创新人格、创新意识、创新思维和创新能力的新型人才。

第十七讲
教学设计 *

设计原则

（1）创新性原则。既然是创新思维课程，那么课程的设计首先就应该体现出创新性，这样才对学生有说服力。如果教师在教学过程中照本宣科，连自己都表现得墨守成规、缺乏创意，如何能让学生信服？学生如果不信服老师，教学效果如何会好？因此，在教学过程中，我总是刻意求新求异，每堂课都有所变化、有所创新，让学生不觉得重复厌倦，常常收获意外的惊喜，从而受到潜移默化的熏陶。

（2）灵活性原则。我深信，教学既是科学，更是艺术。我曾提出教学设计"宏观重科学、微观重艺术"的原则，课堂教学属于微观教学层面，艺术性更大于科学性。如果我们一味按照事前的设计进行教学，必定会出现预期与实际脱节的情况，教学效果会大受影响。所以，我在事前一般只做大体设计，留下了充分的自由发挥空间。在课堂教学中会根据课堂气氛、教学效果、现场灵感等随时调整教学内容和进度，只要最终完成总体目标就可以。

（3）实践性原则。创新思维训练课程重在"训练"二字，学生选这门课的目的主要是为了提高自己的创新能力。创新思维能力的提高，理论知识的学习固然必要，但更重要的是思维方法的学习与训练。课程的主要目标不是让同学们记住多少创新思维的定义和理论，知道多少创新天才们的发明创造故事，而是通过有效的练习，开发他们的思维，转变心智模式，让他们实实在在地感受和领悟到创新思维的无穷魅力。在内容的选择方面，既要重视创新思维原理

---

* 本讲图片来自王竹立老师的PPT。

的学习，更要重视实际的操练，原理的学习应更多地融入到思维训练活动中。

（4）差异性原则。创新教育是为了培养个性化的人、与众不同的人，而不是像从一个模子里雕刻出来的人，尊重人与人之间的差异性是题中应有之义，甚至应该鼓励这种差异性。因此，在评价学生时应该体现差异性原则，不要用一种统一的标准化评价来限定学生，而应该具体问题具体分析，少做人与人之间的横向比较，多做每个人前后的纵向比较，充分发挥每个人的长处。

课前分析

课程教学设计一般包含三个步骤或三个环节：课前分析、策略设计和评价设计。课前分析包括教学对象分析、教学条件分析和教学目标分析与设计；策略设计主要包括教学内容的选择、教学活动和方式的设计、教学资源的利用等方面；评价设计则主要从三方面来考虑，即评价什么、谁来评价和如何评价等（见图17-1）。

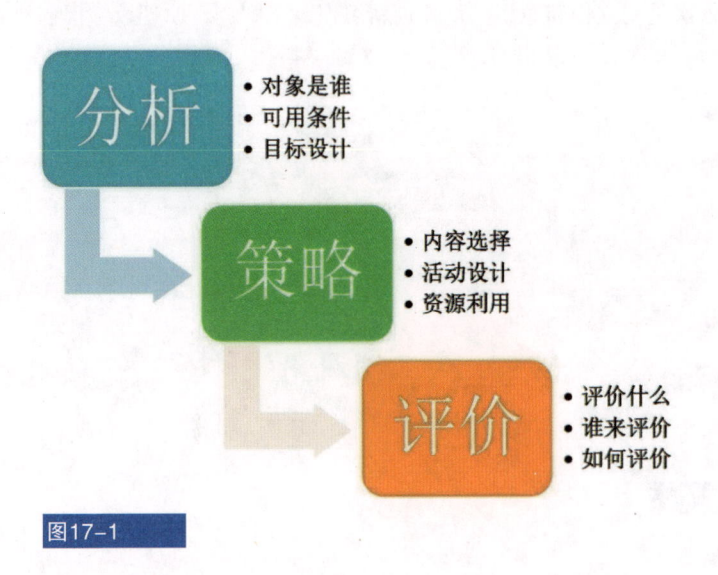

图17-1

这里先讨论课前分析。对教学对象的分析，主要从年龄、职业、经历、动机、对课程的期待等方面进行调查；对教学条件的分析，主要从场地、时间、经费、设备和其他相关方面进行了解；在调查和了解的基础上，再对课程性质和选用教材进行分析，结合这两方面的情况，综合考虑课程想要实现和能够实现的教学目标，包括创新意识的培养、创新习惯的养成、创新原理的了解、创新方法的掌握和创新实践的完成等。见图17-2。

教学对象	可用条件	目标设计
年龄	场地	意识
职业	时间	习惯
经历	经费	原理
动机	设备	方法
期待	其他	实践

图17-2

举个例子，笔者在中山大学为本科生开设的《创新思维训练》核心通识课，每年选课的对象主要是大一、大二的本科生，他们大都没有系统学习过创新思维课程，对创新思维有一定的兴趣，但也有一些功利性的想法，如完成学分等；上课地点和时间一般由教务处统一安排，大都在传统的多媒体教室，教室有Wi-Fi；每周一次课，持续12周，时间一般安排在晚上3学时；有少量课程经费，可以买一些简单的文具和用品。在分析的基础上，我们进行了教学目标的设计，依次是树立创新意识、培养创新习惯、了解创新原理、掌握创新方法、完成创新实践（见图17-3）。

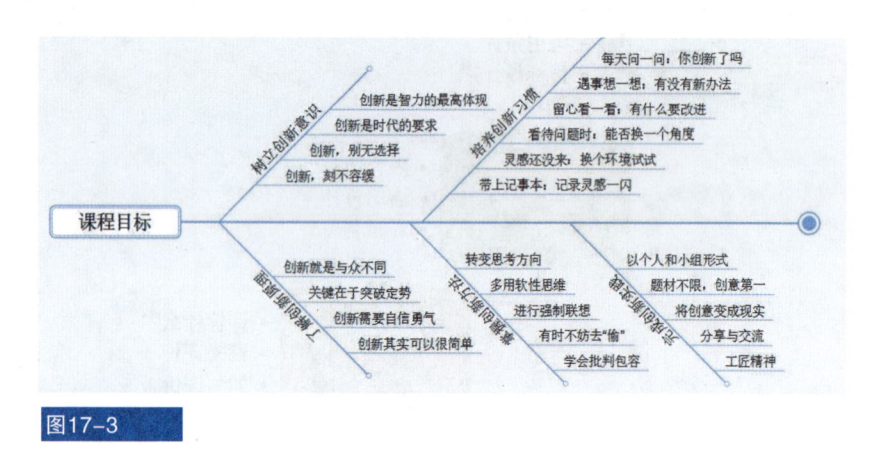

图17-3

内容设计

创新思维训练课程一般应该涉及三方面的内容：

1. 原理部分。创新思维的定义，心智模式与心智枷锁，创造力人格特质，创新意识与创新习惯，创新情境，心流与高峰体验等。

2. 方法部分。转变思考方向训练（含逆向思维、侧向思维、多向思维等）和发散思维工具使用（含思维导图、头脑风暴、智慧墙等）、软性思维训练（含续写故事、颠倒绘画、发现相似性、从假如开始等）与强制联想训练（用思维导图强制联想法创作诗歌、故事等）、平行思维训练（含六顶思考帽等）、批判性思维与包容性思维训练等（结合具体案例进行）。

3. 实践部分。要求学生们以个人或小组为单位完成创意作品，并在全班公开展示，见图17-4。

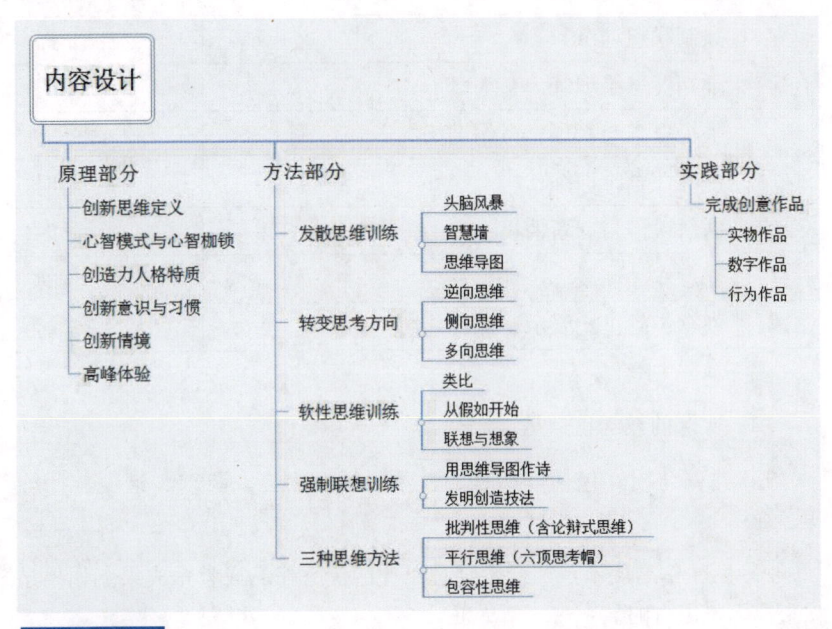

图17-4

创新思维训练的课程时间不能太短，也不宜太长。我们在中山大学的课程总学时一般在36学时左右，每周上一到两次课。表17-1是笔者建议的《创新思维训练》课程内容与进度安排。

表17-1

序号	教学内容	学时
1	课程介绍，什么是创新思维	2~3学时
2	分组，心智模式与心智枷锁	2~3学时
3	思维导图作图工具及其创新应用	2~3学时
4	转变思考方向与发散思维训练	2~3学时
5	软性思维训练	2~3学时
6	强制联想训练	2~3学时
7	批判性思维训练	2~3学时
8	平行思维与六顶思考帽训练	2~3学时
9	包容性思维训练	2~3学时
10	创新人格与创新情境	2~3学时
11	创意作品预展	2~3学时
12	创意作品正式展示，课程总结	2~3学时

第一次课的教学重点是：

1. 课程介绍。包括本课程的教学目标、内容、要求、进度、评价方式等；

2. 以往作品展示。展示本课程以往的优秀作品或教学成果。如果是第一次上，则可以省略。

3. 自我介绍与分组：教师先进行创意自我介绍，然后让学生相互进行创意自我介绍，以方便建立小组。小组的建立可以在本次课上，也可以在第二次课上，根据各校实际情况确定。

4. 首次授课。什么是创新、什么是创新思维，初步树立创新意识。

本次课应该达到的预期效果是，让学生对本课程有较全面的了解，产生浓厚兴趣并抱有期待。

第二次课的教学重点是：

1. 让学生了解什么是心智模式与心智枷锁。

2. 让学生深刻理解心智枷锁是妨碍创新思维最根本的原因。

3. 让学生反思自己的常见心智模式。

4. 让学生初步培养创新思维习惯。

5. 最好在本次课上完成初步分组。分组采用自愿分组或老师指定分组等形式，视具体情况而定。

第三次课的教学重点是：

1. 让学生了解思维导图的起源及其发明者的故事。

2. 让学生掌握思维导图的特点和组成要素。

3. 让学生掌握思维导图的手绘方法和计算机绘图软件。

4. 让学生了解思维导图的常规用途与创新用途。

第四次课的教学重点是：

1. 让学生清楚意识到转变思考方向是打破思维定势、激发创造力的第一大秘诀。

2. 告诉学生转变思考方向包括逆向思维、侧向思维、发散思维（多向思维）等几种类型。

3. 让学生掌握发散思维的几种辅助工具或方法，如思维导图、头脑风暴、智慧墙等。

第五次课的教学重点是：

1. 让学生清楚意识到软性思维是打破思维定势、激发创造力的第二大秘诀。

2. 告诉学生软性思维包括形象思维、直觉思维、类比思维、灵感与顿悟等几种类型。

3. 让学生学会寻找事物之间的相似性、从假如开始、运用想象力等软性思维方法。

第六次课的教学重点是：

1. 让学生清楚意识到强制联想是打破思维定势、激发创造力的第三大秘诀。

2. 告诉学生心理学研究发现，创新思维与二元联想有密切关系。

3. 让学生掌握利用思维导图进行强制联想的方法。

第七次课的教学重点是：

1. 让学生理解什么是批判性思维。

2. 让学生理解批判性思维与论辩式思维的异同。

3. 让学生了解批判性思维的一般过程与方法。

4. 让学生了解批判性思维与创新思维之间的关系。

第八次课的教学重点是：

1. 让学生了解什么是平行思维。

2. 让学生了解平行思维的本质就是转变思考方向。

3. 让学生掌握六项思考帽的意义和使用方法。

4. 让学生通过六项思考帽法讨论某个具体案例。

第九次课的教学重点是：

1. 让学生了解什么是包容性思维。

2. 让学生了解包容性思维与批判性思维和平行思维的异同。

3. 让学生掌握包容性思维的基本原理与步骤方法。

4. 让学生通过包容性思维分析某个具体案例。

第十次课的教学重点是：

1. 让学生了解创新人格的某些共同特点。

2. 让学生树立强烈的创新意识、养成创新习惯。

3. 告诉学生创新就是要求新求异、不怕失败。

4. 告诉学生自信是创新的第一步，建立自信要学会扬长避短。

5. 告诉学生要有好奇心和鲜明的个性。

6. 让学生了解什么样的情境有利于创新。

7. 让学生了解什么是心流和高峰体验。

第十一次课的教学重点是：

1. 学生展示他们的初步作品。

2. 教师给学生提出建议和意见。

3. 教师与学生共同策划正式展示流程与计划。

第十二次课的教学重点是：

1. 让学生展示他们的正式作品。

2. 对学生作品进行点评。

3. 投票选出优秀作品并颁奖。

4. 对课程进行总结与问卷调查。

以上是笔者多年从事创新思维训练的一些经验，仅供读者参考。各校应结合实际情况，灵活掌握。

教学活动与方式设计

创新思维课程可采用常规教学和翻转课堂两种形式来学习（见图17-5）。

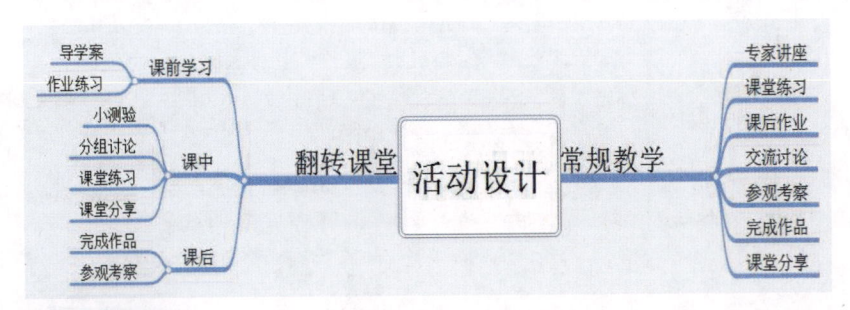

图17-5

常规教学可采用以下方式。

1. 专家讲座。邀请专家进行有关创新思维原理和创造发明经验的介绍。

2. 课堂练习。通过创新思维游戏和训练，提高学生的创新思维能力。

3. 课后作业。通过课后作业，巩固学习内容，培养创新思维习惯。

4. 交流讨论。让学生以小组和全班讨论等方式进行交流。

5. 参观考察。带领同学参观创新工场、发明创造基地或实验室，引导学生观察发现身边的创意。

6. **完成作品**　让学生以个人或小组的形式将创意变成现实,并精心打磨作品,向全班展示。

7. **课堂分享**　通过贴墙报、口头报告、操作演示等形式分享自己的创意和心得体会。

如果采用翻转课堂形式,则需要为学生提供讲课视频、学习资料、案例故事等,让学生提前学习,课堂上则以思维训练、交流讨论和课堂分享为主。为了督促学生课前自学,应提供导学案,并布置一些小测验题或练习题,还可以利用手机平台和课程平台的后台统计功能,检查他们的学习情况。

教学资源与环境设计

教学资源包括纸质资源、数字资源、网络资源、环境资源、人力资源和社会资源等,应尽可能充分利用可获得的各种资源(见图17-6)。

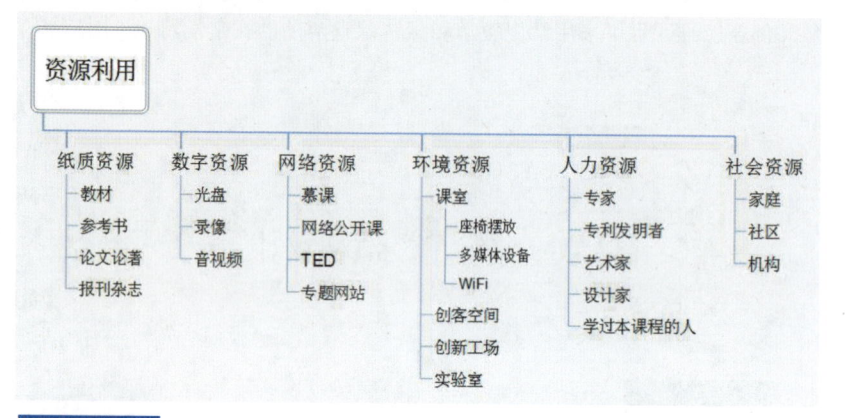

图17-6

数字化教学平台最好采用有移动终端的学习平台,如超星学习通。学生可以通过手机观看教学视频和相关教材,并参加各种教学活动和提交作业等;教师可通过平台进行签到、授课、发起讨论、布置作业、后台管理、统计、评分等(见图17-7至图17-11)。

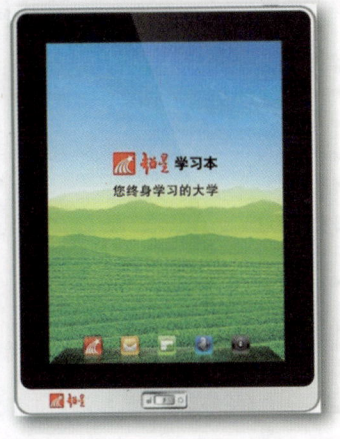

图17-7

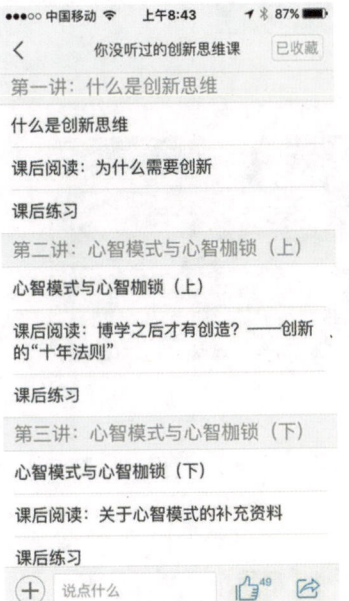

图17-8

第十七讲 教学设计 | 199

图17-9

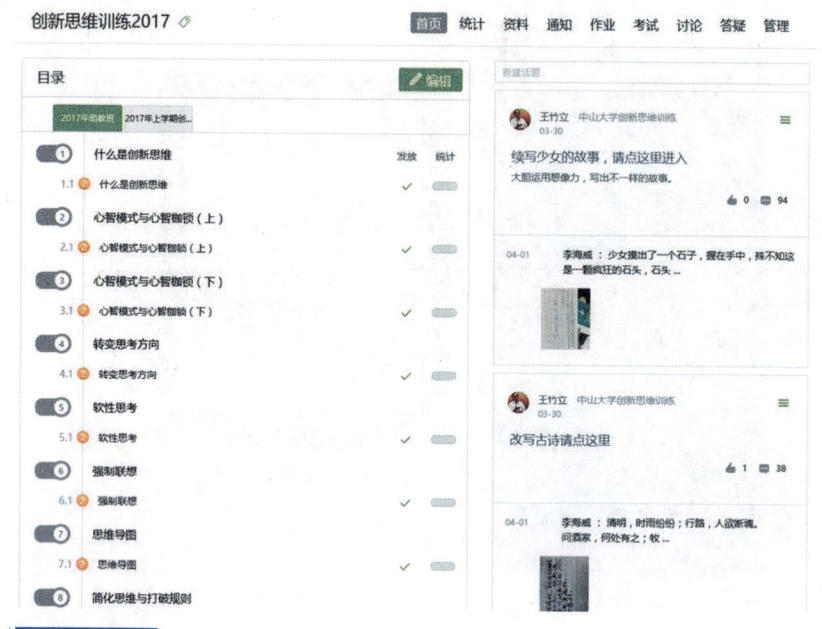

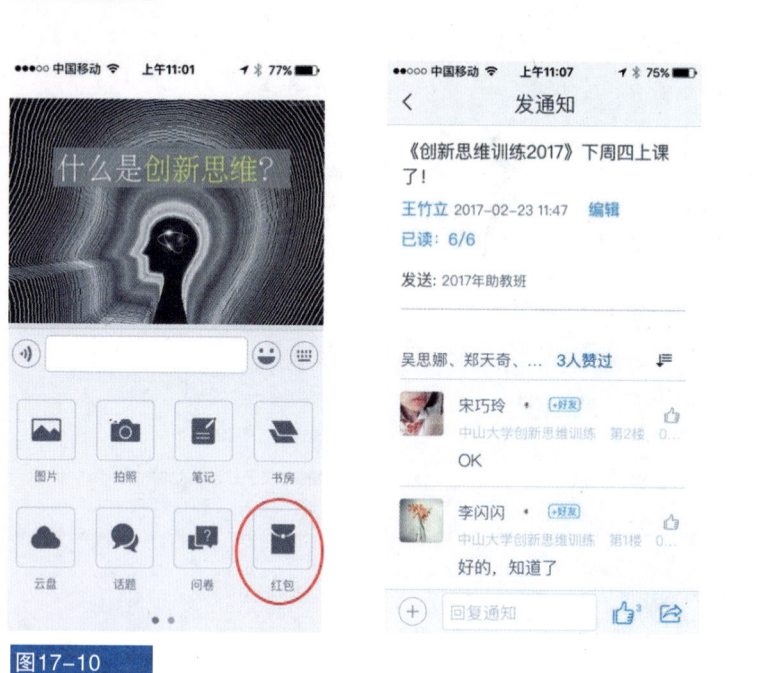

图17-10

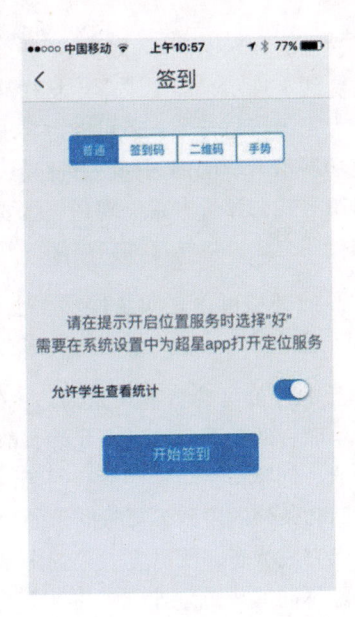

图17-11

教室最好选择那种桌椅可以自由摆放的多媒体教室。通过课桌摆放方式的变化，创设一个有利于创新和交流的课堂氛围。例如，可将课桌摆放成长方形方块，让学生以4~6人为一组，相对而坐，有利于开展各种交流活动与思维游戏。还可以准备一些游戏道具和练习材料供上课时使用，如四巧板、火柴、牙签、白纸、彩色铅笔等；鼓励每人购买一本创新思维方面的书籍，或向他们推荐一些创新思维网上课程，让他们在课前与课后进行补充阅读。

评价设计

评价分两方面。对学生的评价主要通过作品和平时表现进行评价，优秀作品给予奖励；对教学的评价主要通过问卷调查和学生的课后留言及访谈等进行分析。

我在中山大学开设的核心通识课主要采用下面的评价方式：一共12次课，第一次上课为试听，不计分；从第二次课开始到第十一次课，每次课计8分。每次课又分课前自学慕课视频和课堂练习两部分，自学视频得2分，课堂练习满分6分。上完第二到第十一次课，最高可获得80分。最后一次课是作品展示与总结，根据每组完成的创意作品情况进行评分，最高可得20分。

创意作品要求公开展示。如果作品不多时，可全部在课堂上展示；如果作品太多，一次课时展示时间不够时，可分多个课时同时展示或者将作品分为两大类，一类为线上展示，即要求学生将作品制作成视频或其他形式，放在课程的平台上让大家浏览与评分，还可考虑要求社会人士参与评价；一类是课堂现场展示。现场展示本身也是一种创意活动，我会要求同学们与老师共同策划展示活动的组织方式与评价方式。现场展示要求全体同学参与投票，可借鉴一些娱乐节目的投票方式，将气氛推向高潮。

　　创意作品的类型可以是实物作品，也可以是数字作品，还可以是行为作品。如前面所述对展示活动的策划与实施，就可以归为行为作品类型。

　　创意作品的评价可参考下列原则：①创意。即作品的新颖性，这种新颖性是相对学生而言的，因此，可以允许有部分对外界的模仿，但应该有自己的改进。②价值。创意作品除了要求有创新，还要有一定的价值或意义。③完成度。由于时间和条件的限制，部分同学的创意可能不能全部实现，而只能停留在设计上或半完成状态，所以应该考查作品的完成度。可以根据教学导向，给这三部分分配不同的权重。如创意占40%，价值占30%，完成度占30%。至于作品的难度或复杂度要不要考虑在内，可由教师和同学们共同商量决定。

　　评价结束后，最好能进行适当的奖励与总结。

第十八讲
典型案例 *

如何开展热身活动

我每次上创新思维课前都会先让学生做一个热身活动，目的有以下四个。

目的一：学生刚进教室坐下，心还没有静下来，注意力也不够集中，整个身心还没有进入学习状态，如果此时开讲很可能效果不好。所以我会先通过一个小活动，将学生的注意力慢慢收拢到课程的学习中来。

目的二：大学是没有固定座位的，中国学生进教室时往往习惯于靠后坐、靠边坐。如果教室够大，往往坐得比较松散。不想靠教师太近，可能怕被教师较多关注，甚至会被提问。如果教师单纯地要求学生坐到前面和中间来，学生往往会有点抗拒或不情愿，容易破坏课前的气氛。但通过开展一些需要同伴和小组互助的活动，可以让同学们自然地坐到前面、中间，坐到一起，效果比单纯的命令或请求要好。

目的三：公选课的学生来自不同的院系、年级和专业，往往互不认识，这不利于课堂的互动与协作学习的开展。通过热身活动可以使同学们尽快熟悉起来、热络起来，为后续的课程教学做好铺垫。

目的四：有时课前热身活动可以营造一种思维活跃的氛围，创设适合创新的情境，有利于课程教学的自然过渡。

下面举几个例子，介绍我是如何开展课前热身的。

---

* 本讲图片来自王竹立老师的PPT。

1. 四巧板竞赛法。某学期《创新思维训练》的第一次课，我采用了一个四巧板热身活动。我让助教将几十副四巧板放在靠前面和中间的座位上，让同学们每两个人共用一副四巧板，并开展男女生拼四巧板图形的比赛。这项别出心裁的比赛立即吸引了学生的注意力，活跃了课堂气氛，达到让同学们坐到一起的目的。比赛结果是男生在10分钟的时间内平均拼出9个指定图形，女生平均拼出7.7个图形。

2. 诗歌成语排座法。根据上课学生人数，选择字数相当的古诗词或成语接龙，将它们拆成一个个单字，写在一张张便签纸上。每一张便签纸上写一个字，上课前发到每一个同学手中。然后将古诗词或成语接龙投影到大屏幕上，要求同学们根据手中的文字，按照古诗词或成语接龙的文字顺序，在相应的位置上坐下，就自然地完成了学生的排座与分组。

3. 创意自我介绍法。有时我会在上课开始时，先做了一个创意自我介绍的示范。然后要求同学们将自己的手掌形状描画在纸上，在每个手指图形上写下自己的一个特征，将自己比作一种动物、植物和物品。再拿着这个自我介绍手掌图向邻座的同学做自我介绍，并听取他人的自我介绍。再接着，我又要求同学们将自己刚刚认识的新同学介绍给坐在另一边或前后的同学。最后组成4人小组。这个活动让原来互不认识的同学们开始熟悉起来。

4. 循序渐进游戏法。先给每个同学发了一张A4纸，然后让同学们猜，老师要让他们做什么？同学们猜不出来，于是我抛出第一个游戏：请你们写下"一张A4纸的用途"，要求越多越好；接着第二步，让同学们互相传阅自己的思考结果，进行小组头脑风暴，进一步补充想法；第三步要求同学们采用思维导图进一步归纳和思考；最后，要求同学们将自己的创意想法通过手机发送到大屏幕上（弹幕墙），开展全班性的头脑风暴。通过这样的形式，训练大家的发散思维能力。

5. 电影片段播放法。在软性思维训练环节，我常常会采用播放美国电影《死亡诗社》片段的方法，营造一种突破常规、大胆想象的氛围。我选择的片段主要有两段，一段是主人公基廷老师鼓励同学们将课本中古板老套的内容撕掉的场景；另一段是基廷老师在课堂上用激将法让学生大声喊出内心声音的镜头。紧接着，我又让学生站起来大声朗诵郭沫若年轻时代创作的诗歌《天狗》，将课堂的气氛推向高潮。

6. 联想试验法。让同学们看一张向日葵的图片，在五分钟内，将他们联想到的任何文字立即记在一张白纸上，不要停顿，想到什么就写什么，越快越好。时间截止后，统计联想到的词组数目，并分析词组的性质，哪些属于常规联想（近距离联想），哪些属于非常规联想（远距离联想）。告诉同学们联想的词组数目越多，远距离联想越多，就越有利于创新。

我要求自己每一次课的热身活动都不重样，而且要与当天的教学内容相关联。把每一次课都当作一个新的创新作品来设计。

如何用白纸进行三板斧思维训练

利用一张白纸，可以完成转变思考方向、软性思考和强制联想这三种激发创造力的"三板斧"训练。教师在练习前，最好先给每一个学生发一张A4纸（也可让学生自己准备），然后按下列步骤操作。

一、转变思考方向训练

发散思维是一种常见的转变思考方向的方法，它让人们从一个点出发，向尽可能多的方向思考。思维导图和头脑风暴有助于发散思维，具体做法如下。

1. 先让学生个人思考"一张白纸有哪些用途"，将思考的结果写在纸上，时间是5分钟。一般情况下，同学们在这个环节思考的用途有多有少，平均在10~20个。

2. 接着让同学们以4~6人为一个小组，互相交换想法，并随时补充新的答案，时间10分钟。在这个环节类似于采用头脑风暴的方法，学生能想到的用途可达到30~50个。

3. 接着建议同学们画思维导图（可参考图18-1），继续思考新的用途，看是否还能找出更多的答案，时间也是10分钟。

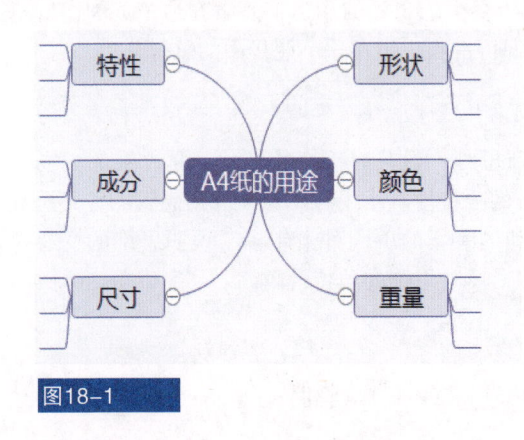

图18-1

一般在这个环节，同学们能想到的白纸的用途可达50～70个。

4. 最后，要求各组同学按照图18-2的提示，计算各组答题的得分。

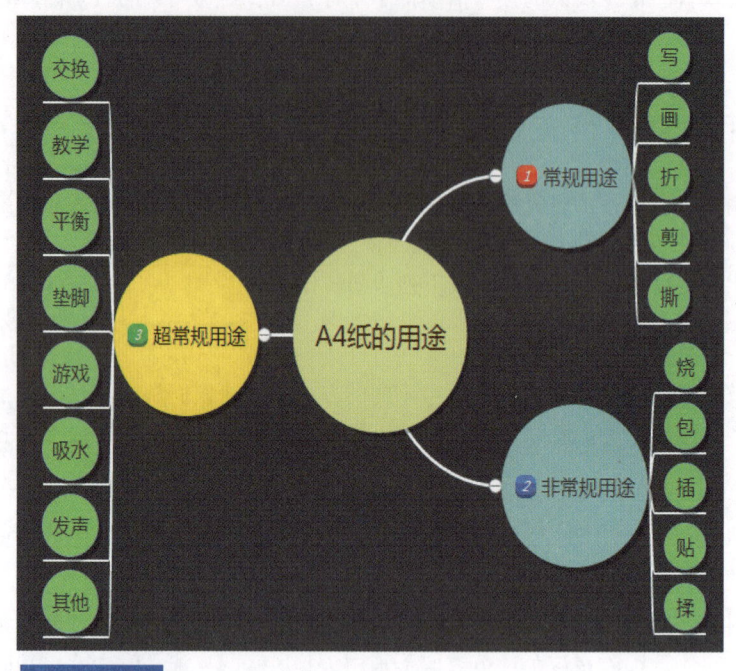

图18-2

需要说明的是，所谓常规用途，是大多数人都能想到的用途，答案在这个范围内的每个记1分；非常规用途，则相对比较难想到，答案在这个范围内的每个记2分；超常规用途，属于很少能想到的用途，答案在这个范围内的每个记3分。将所有的得分相加，即可得到小组在这个题目中的总得分。

显然，这种计分方法并不十分严谨，有一定的主观性，仅供参考而已。

还有一种评价方法。创新思维一般具有三个特征，一是思维的流畅性，二是思维的变通性，三是思维的独特性。小组在单位时间内想到的答案总数越多，反映思维越流畅；能想到的答案的不同种类越多，说明思维的变通性越好；能想到的超常规答案越多，反映思维的独特性越高。

二、软性思考训练

1. 要求同学们思考"白纸和手机有哪些相似处？"，答案越多越好。这个环节也可参照上述步骤来完成。

2. 提问学生"假如将手机做成白纸会怎样？"

3. 让学生上网搜索"纸手机"，大胆想象未来手机的可能发展方向。

三、强制联想训练

让学生们用本课程介绍的思维导图作诗法，进行强制联想。比如，要求同学们用"白纸"和"爱情"（也可以是初恋、暗恋等）这两个关键词创作一首诗歌。教师可先做一个示范，比如，笔者曾经这样示范过，先将白纸对折，分别在两边写下两个中心词，然后进行自由联想（如图18-3所示）。

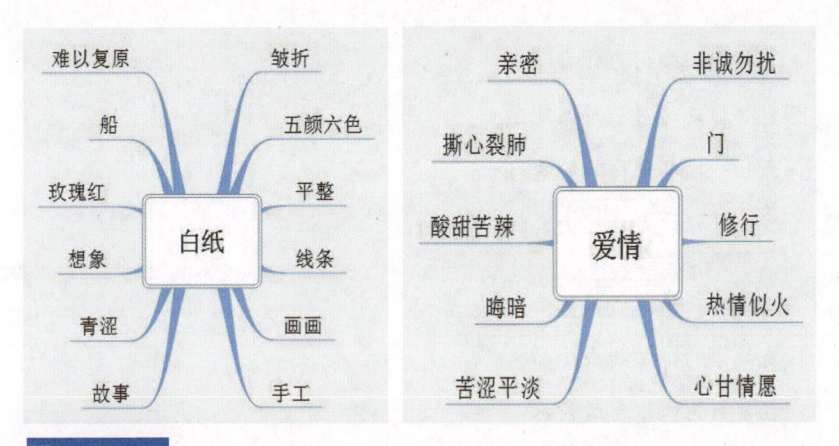

图18-3

将纸上的每个词与另一个词一一进行强制联想，将想到的句子和思路记下。很快，一首诗就写出来了。

纸船

年轻的爱情像一张白纸

平整光洁没有半点折痕

人人都想用青涩的画笔

描绘出五颜六色的一生

但事情并不符合想象

白纸上开始有了皱纹

线条由玫瑰红变为晦暗

热情似火转为苦涩平淡

于是你一度想要放弃

才发现分离也会裂肺撕心

虽然白纸揉皱难以复原

但上面仍留有往日的亲密

苦闷中一扇门为你打开

引领你走进另一片天地

开始一段非诚勿扰的修行

酸甜苦辣才是人生的真谛

爱情的折痕被轻轻抚平

有故事的纸被折成小船

在岁月河流中缓缓前行

一直航向永恒的幽冥

可以看出，前面自由联想到的词，大部分都用在诗歌里了。

笔者的经验是，学生大部分都可以在课堂上做出各不相同的诗歌或散文来。

最后，要求同学们将自己的诗歌写在那张白纸上，然后贴在墙上或黑板上；或者让大家将手中的纸折成一个手工，作为礼物与身边的同学交换；也可以要求同学们将诗歌写在手机里，发到手机课程平台上，让大家欣赏和评点。

除白纸外，其他日常物品也可以拿来做同样的训练，如手机、铅笔等。

孔融让梨与约翰争苹果，哪一个更值得推崇

在《创新思维训练》课程中，我常常会选择中外两个经典故事，让同学们分别用批判性思维、平行思维与包容性思维进行思考。

让我们先来看看这两个经典故事。

孔融让梨

孔融小时候聪明好学，才思敏捷，巧言妙答，大家都夸他是奇童。4岁时，他已能背诵许多诗赋，并且懂得礼节，父母亲非常喜爱他。一天，父亲的朋友带了一盘梨子给孔融兄弟们吃。父亲叫孔融分梨，孔融挑了个最小的梨子，其余按照长幼顺序分给兄弟。孔融说："我年纪小，应该吃小的梨，大梨该给哥哥们。"父亲听后十分惊喜，又问："那弟弟也比你小啊？"孔融说："因为弟弟比我小，所以我也应该让着他。"孔融让梨的故事，很快传遍了汉朝。小孔融也成了许多父母教育子女的好例子。

约翰争苹果

美国有一位心理学家在全美选出了50位成功人士和50名罪犯，分别给他们写信，邀请他们谈一谈自己的母亲。有一封回信给他的印象特别深。这封信是一位叫约翰的成功人士写来的，信中说：小时候，有一天妈妈拿来几个大小不同的苹果，我和弟弟们都抢着要大的。妈妈把那个最红最大的苹果举在手中，对我们说："孩子们，这个苹果最红最大最好吃，你们都有权利得到它，但大苹果只有一个，怎么办呢？现在咱们做个比赛，我把门前的草坪分成3块，你们3人一人一块儿把它修剪好，谁干得最快最好，谁就有权利得到它。"结果我干得最好，就赢得了最大的苹果。

这两个故事代表了东西方两种不同的文化与价值观。那么到底哪一种做法更值得推崇呢？当我在课堂上向同学们提出这个问题时，大多数同学都认为美国的约翰争苹果中母亲的做法更值得推崇，因为现在是一个竞争的时代，那种凡事礼让三分的观点不值得提倡。然而，随着讨论的深入，大家发现问题不那么简单了。

我把批判性思维分为三个阶段：质疑、求证和判断。我先让同学们对两种观点与主张提出自己的质疑。

对孔融让梨的质疑：

1. 这个故事是不是真的？

2. 作为孩子，谁都想吃那个最大的梨子，孔融却把大的让给兄弟，自己吃小的，是不是一种虚伪？

3. 大人们为什么要宣传这个故事？

4. 如果人人都按照孔融这么做，会不会造成懒汉思想，没有竞争意识，不利于社会的发展与进步？

5. 是不是孔融身体有问题，或者不喜欢吃梨子，所以才装模作样地把大梨让给兄弟？……

对约翰争苹果的质疑：

1. 这个故事是不是真的？

2. 作者似乎想通过这个故事告诉人们，成功人士之所以成功，与小时候父母有意识地培养孩子的竞争意识有关，但这个故事有说服力吗？它是个案还是一种普遍规律？

3. 这个成功人士是家里的长兄，母亲选择让兄弟们割草坪来决定胜负是否公平？因为作为哥哥，其体力和智力水平显然优于其弟弟们，所以这种竞争很难保证真正的公平。

4. 母亲做出这样的决定是不是自己懒，想让孩子们帮自己做家务呀？如果所有的好东西都要通过竞争才能获得，是否就一定对社会有利？……

我告诉大家，这两个故事的真假我们暂不讨论，也不去求证，因为无论真假，作者无非是想提倡一种价值观罢了。我们不妨把求证改为思辨，围绕哪一种分配方式更合情合理，哪一种价值观对社会更有利来展开讨论。

对孔融让梨的思辨：

我们先假设孔融让梨时，他的身体状况是好的，他内心也想得到那个最大的梨子，他做出的决定显然是与自己的内心相违背的。但在这个故事的情境中，孔融处在一个决策者或裁判官的位置上，这个位置要求他公平公正地处理这个问题，而不能从个人私利出发来做出决策。孔融只有几个选择：

第一，遵从自己的内心，把最大的梨子留给自己，然后根据关系的亲疏把不同大小的梨子分配给兄弟们。这样做的结果极有可能引发抗议。

第二，用抛硬币或猜拳这类的方法进行分配，这样大家能得到什么样的苹果完全靠运气，怨不得他。但这样做的后果也让人对他产生不负责任甚至逃避责任的感觉。

第三，像美国的约翰分苹果一样，选择一项任务或工作，让兄弟之间开展竞争，获胜者得大苹果，失败者得小苹果。然而考虑到选择合适的竞争项目有一定难度，而且为了几个苹果搞得那么复杂是否合算，是否被兄弟们集体认同，这个选择也未必是一个最佳的方法。

第四，找出一种说法，或者确定一个原则，然后按原则分配。比如，按照年龄长幼来分梨子，大的得大梨，小的得小梨，因为大的吃得多，小的吃得少；但也可以反过来，小的需要更多的营养，应该吃大梨，大的可以吃小的。还是可能有争论。

最后一个方法就是像故事中的孔融一样，自己先做出表率，然而让兄弟们效仿，这样分苹果就不会产生什么争议，也维护了兄弟之间的亲密和谐。但这种做法也确实未能培养孩子自食其力和公平竞争意识。

对约翰争苹果的思辨：

家庭教育对孩子的未来有可能产生深远的影响。母亲显然是想通过这样一种分苹果的方法从小培养孩子自食其力和竞争的意识。选择让孩子们通过家务劳动来获得自己应得的成果，显然不失为一种好办法。但如果给每一个孩子都分配同样大小的草坪显然有失公平，因为这种做法显然对年龄大力气大的孩子更有利。如果根据孩子不同年龄分配不同大小的草坪，又容易引起争议，产生斤斤计较的毛病。在这个故事情境里，家长是裁决者，是规则制定者，孩子处于被动与服从地位。如果家长能与孩子们一起讨论和制定规则则更好。有时候，也不是所有问题都要通过竞争才能解决的。比如公交车上给老弱病残的人让座，就不是通过争而是靠让来解决的。

通过这样的质疑与分析，我们最终可以得出结论：每一种做法都有合理的方面，要具体情况具体分析。

如果用平行思维中的六顶思考帽法进行分析，又会怎样呢？

先用六顶思考帽法分析孔融让梨。

白帽：孔融主动将大梨子让给兄弟。

黄帽：这种做法有利于营造和谐友爱的氛围，有利于维护安定团结的环境，对弱势群体比较有利。

黑帽：这种做法不利于营造公平竞争环境，不利于培养自食其力品质和奋斗精神，违背个人本性，甚至可能培养伪君子。

红帽：我喜欢这种做法或我觉得这样做不公平。

绿帽：可以考虑用掷骰子或按需分配的方法来分苹果。

蓝帽：这种做法有利有弊，需要根据具体情况或目的来取舍。

用六项思考帽法分析约翰争苹果。

白帽：母亲根据孩子修理好草坪的先后来分苹果。

黄帽：这种做法有利于培养公平竞争的意识，有利于塑造积极上进的精神，有利于防止不劳而获的思想产生，有利于推动社会进步。

黑帽：这种做法对强者有利而对弱者不利，规则由母亲决定剥夺了孩子的选择权，不利于营造团结友爱的氛围，容易导致个人英雄主义泛滥，造成一人成功而多数人自觉失败的心理阴影。

红帽：我认为这种做法最公平或我觉得这样做不公平。

绿帽：可以考虑用掷骰子或按需分配的方法来分苹果。

蓝帽：这种做法有利有弊，需要根据具体情况或目的来取舍。

最后再用包容性思维来分析这两个故事。包容性思维分为如下5个步骤。

第一步，先找出需要整合的两个论点。一个是"孔融让梨更值得提倡"；另一个是"约翰争苹果更值得提倡"。

第二步，找出各自的论据。支持孔融让梨的理据是：

——有利于营造和谐友爱的氛围

——有利于维护安定团结的环境

——对弱势群体比较有利（在这里可以举出公交车上给老弱病残的人让座的例子来进行佐证）

支持约翰争苹果的理据是：

——有利于培养公平竞争的意识

——有利于培养积极上进的精神

——有利于防止不劳而获的思想产生

——有利于推动社会进步

第三步，审视两个论点的合理性与相互关系。

两个论点都有部分合理性，它们之间是对立关系，孔融让梨是站在保护弱者、促进和谐的立场，而约翰争苹果是站在推崇强者、鼓励竞争的立场。

第四步，找出两个论点各自的限定条件。

——在家庭中或需要保护弱势群体的环境中，孔融让梨做法可以成立。

——在职场上或需要鼓励发展进步的环境中，约翰争苹果的做法可以成立。

第五步，用统一的论述整合不同的观点。

——从鼓励公平竞争、推崇个人奋斗、推动社会进步角度，约翰争苹果的做法更值得提倡。

——从保护弱势群体、维系人间温情、促进社会和谐的角度，孔融让梨的做法更值得提倡。

——在亲朋与生活中，提倡互相谦让；在社会和职场上，鼓励公平竞争。

——对弱者不妨适当礼让，对强者应该提倡竞争。

附录A
课后练习参考答案

第一讲

单选题 1.C 2.D

判断题 1.错 2.错 3.对 4.对

第二讲

单选题 1.D 2.D

判断题 1.错 2.对 3.错 4.对

思考题 案例一 两个人分别在河的两边；案例二 公安局长是女的

第三讲

单选题 1.D 2.A

判断题 1.错 2.对 3.错 4.对

思考题 1.移动两根火柴后图形变成"一个口" 2.第一个答案是1日=24h，第二个答案是-16 equal to -16

第四讲

单选题 1.D 2.C

判断题 1.对 2.对 3.错 4.错

思考题 1.逆向思维，从后往前推，共15头 2.侧向思维，先借1头牛凑成可除尽的整数，分完后再归还

第五讲

单选题 1.A 2.D

判断题 1.错 2.对 3.对 4.对

思考题 1.可以任意发挥   2. 参看我的博文《一首诗的多种改写》（http://blog.sina.com.cn/s/blog_4bff4c090100cqec.html）

第六讲

单选题 1.D 2.C

判断题 1.对 2.对 3.错 4.对

第七讲

单选题 1.D 2.D

判断题 1.对 2.错 3.对 4.对

第八讲

单选题 1.D 2.D

判断题 1.对 2.对 3.错 4.错

思考题 2.简化思维，用小狗跑的速度乘以父亲赶上儿子的时间

第九讲

单选题 1.B 2.C

判断题 1.对 2.对 3.对 4.对

第十讲

单选题 1.A 2.D

判断题 1.对 2.对 3.错 4.错

思考题 1.论辩式思维和诡辩式思维 2.都有逻辑错误 3.包容性思维

第十一讲

单选题 1.D 2.C

判断题 1.对 2.对 3.错 4.对

第十二讲

单选题 1.C 2.C

判断题 1.对 2.对 3.对 4.错

第十三讲

单选题 1.A 2.C

判断题 1.错 2.对 3.对 4.错

思考题 3.把点画在圆心处，说明你的思维比较保守、稳重，而且有点自我中心意识，希望成为关注的焦点；把点画在圆内的其他部位，同样说明你的思维比较保守、稳重，而且不愿被人关注；把点画在圆周线上，说明你比较纠结，既希望有所突破，又不愿完全脱离正轨；把点画在圆外，反映你希望摆脱束缚、寻求创新的心理与意识；把纸张翻过来，在背面任何位置上画一个点，说明你的思维与众不同，敢于大破大立，较少条条框框，有强烈的创新意识。

第十四讲

单选题 1.D 2.B

判断题 1.对 2.对 3.对 4.对

第十五讲

单选题 1.D 2.D

判断题 1.对 2.对 3.错 4.对

附录B
创新思维类书籍推荐

《六顶思考帽——如何简单而高效地思考》
作者：[英]爱德华·德博诺（Edward de Bono）
译者：马睿
出版社：中信出版社
出版时间：2016-12-01
ISBN：9787508665344

《水平思考法》
作者：[英]博诺
译者：冯杨
出版社：山西人民出版社
出版时间：2008-03-01
ISBN：9787203060536

《思维定式的"病"》
作者：[日]日比野省三，[日]桶本菱香
译者：张哲
出版社：中国人民大学出版社
出版时间：2012-08-01
ISBN：9787300161044

《心智模式决定你的一生》
作者：[英]E.F.舒马赫
译者：江唐
出版社：中国青年出版社
出版时间：2012-05-01
ISBN：9787515306513

《发现的乐趣》
作者：[美]理查德·费曼
译者：朱宁雁
出版社：北京联合出版公司
出版时间：2016-05-01
ISBN：9787550274259

《思考的艺术：非凡大脑养成手册（第8版）》
作者：[美]拉吉罗
译者：马昕
出版社：世界图书出版公司
出版时间：2010-11-01
ISBN：9787510025853

《天才还是疯子》
作者：余凤高
出版社：复旦大学出版社
出版时间：2007-04-01
ISBN：9787309054682

《创造力7次方：世界最伟大的7位天才的创造力分析》
作者：[美]加德纲
译者：洪友，李艳芳
出版社：中国发展出版社
出版时间：2007-07-01
ISBN：9787802340435

《思维创新与创造力开发》
作者：周耀烈
出版社：浙江大学出版社
出版时间：2008-06-01
ISBN：9787308058681

《创造力教育和社会发展译丛：培养学生的创造力》
作者：[美]Ronald A.Beghetto，James C.Kaufman
译者：陈菲，周晔晗，李娴
出版社：华东师范大学出版社
出版时间：2013-01-01
ISBN：9787567503151

《创意工场——提升设计技巧的80个挑战》
作者：大卫 斯尔文 译者：王旭
出版社：山东画报出版社
出版时间：2012-03-01
ISBN：9787547405208

《创意大开窍》
作者：左学荣
出版社：武汉大学出版社
出版时间：2010-01-01
ISBN：9787307075313

《创新思维方法概论》
作者：张晓芒
出版社：中央编译出版社
出版时间：2008-05-01
ISBN：9787802116177

《创新思维训练》
作者：梁良良
出版社：新世界出版社
出版时间：2009-08-01
ISBN：9787802280335

《灵感》
作者：费德里克·阿恩（Fredrik Haren）
译者：张恒毅
出版社：机械工业出版社
出版时间：2007-01-01
ISBN：9787111198932

《直觉：你所不知的潜力与危害》
作者：[美]迈尔斯
译者：章崇会
出版社：中国人民大学出版社
出版时间：2008-09-01
ISBN：9787300086729

《像设计师那样思考2：品牌思考和其他更高追求》
作者：[美]黛比·米尔曼
译者：百舜
出版社：山东画报出版社
出版时间：2012-07-01
ISBN：9787547406397

《像艺术家一样思考——藏在名画里的创意思维》
作者：李明玉
译者：于太阳
出版社：南方出版社
出版时间：2010-10-01
ISBN：9787807609230

《300个创新小故事》
作者：缪晨
出版社：学林出版社
出版时间：2007-12-01
ISBN：9787807304463

《思考致富》
作者：[美]拿破仑·希尔
译者：曹爱菊
出版社：中信出版社
出版时间：2015-05-01
ISBN：9787508650883

《艺术，是个动词：创意生活手边书》
作者：[美]埃里克·布斯
译者：张颖
出版社：二十一世纪出版社
出版时间：2010-04-01
ISBN：9787539145983

《创新的艺术》
作者：[美]汤姆·凯利（Tom Kelley），[美]乔纳森·利特曼（Jonathan Littman）
译者：李煜萍，谢荣华
出版社：中信出版社
出版时间：2013-08-01
ISBN：9787508641058

《原创技术发明方法：自主创新源泉》
作者：赵大庆，强燕平
出版社：华夏出版社
出版时间：2006-05-01
ISBN：9787508039435

《十根思考棒：控制与反控制的敏捷思考法》
作者：[爱尔兰]瓦莱丽·皮尔斯
译者：李光琴
出版社：北京大学出版社
出版时间：2005-08-01
ISBN：9787301093368

《超常思维的力量》
作者：杰里·温德、科林·克鲁克
译者：周晓林
出版社：中国人民大学出版社
出版时间：2005-06-01
ISBN：9787300062167

再版后记

大约两个月前，电子工业出版社的慧敏编辑微信问我，想不想对2015年出的两本书再版？我当然有此意，但正在犹豫是再版还是另外出书。经过一番思考，决定还是在原来的基础上再版为好，因为完全另起炉灶不仅难度大，很难绕过前面那本书的内容，而且同样的内容用不同的方式写两遍，不仅没必要，又显得不厚道。

之所以先选这一本再版，是因为最近我在创新思维训练上积累了一些新的案例与经验，刚刚跟超星公司补拍了一部分视频内容，对《创新思维训练》在线课程进行了全面升级，有现成的素材，写起来比较容易。

网络时代，知识的更新速度大大加快，书本并不是最佳的载体。但书本有书本的优势，可以将网络上被分割得零零散散的知识集成起来，进行结构化整理，为读者全面了解某个专题提供方便。对读者而已，一本在手，阅读起来比较方便，自有网络浏览难以替代的愉悦；对著者而已，则是对个人知识体系的更新迭代，符合新建构主义零存整取、不断重构的一贯主张。

至于已经读过本书第一版的读者，是否还有必要再看这一本新版？笔者的建议是，如果您是从事创新思维训练教学的教师，则还有一读的必要，因为这一版主要增加的是对教师的教学建议部分；如果只是普通读者，则大可不必浪费金钱与时间了。

王竹立

2017年9月3日